地下储气库天然气注采运行规律及地应力场研究

王保辉 著

科学出版社

北京

内 容 简 介

本书系统地介绍了地下储气库天然气注采运行规律及地应力场研究的基本理论及方法。主要通过理论分析和数值模拟计算等方法对天然气地下储气库最大运行压力、强注强采工况下天然气渗流注采机理、惰性气体作为垫层气的天然气地下储气库数值模拟、地下储气库库存量计算、老井泄漏、高压储气库套管强度和地应力场等问题进行研究，为地下储气库的安全运行提供借鉴和参考。

本书适合从事岩土工程、地下工程、地下储气库工作的科研人员和技术管理人员等工程人员，以及高等院校相关专业的师生参考使用。

图书在版编目(CIP)数据

地下储气库天然气注采运行规律及地应力场研究/王保辉著. —北京：科学出版社，2019.8
　ISBN 978-7-03-061882-5

　Ⅰ. ①地… Ⅱ. ①王… Ⅲ. ①地下储气库-注天然气-研究 ②地下储气库-天然气开采-研究 ③地下储气库-地应力场-研究 Ⅳ. ①TE822

中国版本图书馆 CIP 数据核字（2019）第 147510 号

责任编辑：冯 涛 宫晓梅 / 责任校对：王万红
责任印制：吕春珉 / 封面设计：东方人华平面设计部

科学出版社出版
北京东黄城根北街 16 号
邮政编码：100717
http://www.sciencep.com

北京九州迅驰传媒文化有限公司 印刷
科学出版社发行　各地新华书店经销
*
2019 年 8 月第 一 版　开本：B5（720×1000）
2019 年 8 月第一次印刷　印张：10 1/4
字数：207 000
定价：88.00 元
（如有印装质量问题，我社负责调换〈九州迅驰〉）
销售部电话 010-62136230　编辑部电话 010-62135763-2039

前　　言

我国已把开发利用天然气作为优化能源消费结构、改善大气环境的一项重要举措，并将建设天然气长输管道列入国家重点基础设施建设项目。地下储气库群是陕京输气管线输储配气系统的重要组成部分，肩负着京津地区千百万市民安全过冬的使命和特殊情况下的应急供气重任，是京津人民的"生命线"。目前，陕京输气管线虽不再是单气源、单管线的输气形式，但保证京津等重要地区安全用气的责任依然重大，不容有任何闪失。随着京津地区天然气用量的扩大及陕京二线工程的投用，地下储气库在季节调峰和应急供气及战略储备方面也将起到越来越重要的作用。而我国大多数地下储气库运行管理是针对盐穴地下储气库的，因此开展地下储气库天然气注采运行规律及地应力场研究工作对确保我国地下储气库的安全运行具有重要的理论意义和工程价值。

在由测井资料获取岩石力学参数的基础上，本书利用岩石力学、渗流力学、损伤力学等理论，建立了地下储气库最大运行压力计算模型；建立了强注强采条件下天然气渗流模型，得到了天然气动态运移过程中注气点含气饱和度和压力随时间的变化规律；推导了地下储气库天然气注采运移的流固耦合数学模型，分析了流固耦合作用下储层含气饱和度分布规律；建立了多元气动态运移的气固耦合数学模型，分析了储层参数对混气扩散规律的影响；建立了地下储气库库存量动态预测的多井约束优化反分析模型，并利用该模型对地下储气库库存量进行了动态预测；建立了求解老井渗透率的环空带压数学模型并给出其解析解；从弹性力学基本方程出发，针对储层地应力场反问题，结合对区域地应力场的认识，利用阻尼最小二乘法建立了应力场反演的优化约束模型，提出了一种用于反演地应力场边界力的优化分析方法。最终，本书形成了一套适用于天然气地下储气库安全运行的评价技术，为我国地下储气库的建设提供了理论依据和技术参考。

本书的研究得到了河南省地理学优势学科的资助。同时感谢河南大学朱连奇教授和中国石油大学（华东）闫相祯教授的帮助与支持。

由于作者水平有限，本书难免有不足之处，恳请读者批评指正。

目　　录

第1章 绪 论

由于天然气具有热值高、经济效益高等方面的优点，因此对改善能源结构、缓解能源供需矛盾、提高环境质量起到了重要作用，在世界范围内得到了广泛的应用。由于天然气生产和消费之间存在不均衡的固有矛盾，因此作为调峰系统，地下储气库可以优化供气系统，满足天然气调峰、事故应急和战略储备等的需要。特别是当天然气产、销地相距较远时，地下储气库更成为确保用气安全的不可替代的设施。目前，世界上的地下储气库大多是在衰竭油气藏、含水层和盐穴等构造上建成的，其中由衰竭油气藏改造的地下储气库具有投资少、见效快、回收周期短等众多优点，是世界上使用广泛、运行较久的一种地下储气库[1-18]。

地下储气库的最大运行压力预测是合理增大库容、提高单井产能的重要安全保障，也是地下储气库安全评价的重要指标之一。理论上，地下储气库的工作气量是气库上下限压力范围内的最大采气量，在实际运行过程中是一个注采周期内，地下储气库的所有气井在上下限压力范围内注（采）气量之和。最大工作气量与地下储气库最大压力关系密切：过低的下限压力可能导致气藏的边底水侵入，反而降低地下储气库的达容速度和缩小工作气规模；过高的运行压力有可能造成天然气地下损失或者泄漏，甚至引起爆炸和火灾，同时会在气井中形成结晶水合物，加大气体的压缩消耗[19-21]。例如，20世纪70年代，美国加利福尼亚州的PDR衰竭油田地下储气库在二次开采时提高了该区块的地产压力（运行压力过高），迫使储气库中气体沿着固井不良或者套管锈蚀的老井逃逸到地表。另外，该地区处于地震活跃期，其承受的挤压力使地层发生断裂，众多断层为储气库气体提供了良好的泄漏通道，最终该地下储气库不得不于2003年被迫关停。因此，地下储气库最大运行压力的准确预测对确保地下储气库的安全运行至关重要[22]。

目前，地下储气库主要以天然气作为垫层气，垫层气量少时，天然气占储气量的15%，垫层气量多时，天然气占储气量的75%。垫层气在地下储气库的初期投资与运营费用中占第一位，它沉积的大量资金成为"死"资金而不能创造出更大的经济效益[23-24]。例如，江苏金坛盐穴地下储气库的垫层气量约为33%，投资估算结果表明，若要建设年供规模为$17 \times 10^8 m^3$的地下储气库群，其中垫层气占地下储气库总投资的28.5%，约为11亿元[25]。由于垫层气是衰竭油气藏型地下储气库的一项较大投资，采用价格低廉的惰性气体作为垫层气可以达到削减地下储气库运行费用及维持费用的目的，但是，相应地会带来惰性气体与工作气的混气问题，影响产出的天然气质量。因此，垫层气和工作气之间的比例关系是地下储气库建设中一个主要的技术问题，因为它直接影响到地下储气库的投资规模和调峰能力。

地下储气库的库存量是地下储气库正常运行的重要监测与控制内容，也是帮助生产技术人员分析、判断地下储气库工作状态的重要参数。在地下储气库建设、运行过程中，由衰竭油气藏改建的地下储气库因其地质结构的复杂性、天然气的易流动性和地下储气库设施等，不可避免地存在天然气的各种损耗（从构造溢出点逃逸、断层或盖层的扩散、地下储气库扩容损失、原油或地层水的溶解和注采井的泄漏等），这会增大地下储气库的运行管理成本，甚至会导致地下储气库建设失败。而衰竭油气藏型地下储气库的注采井具有与常规天然气开发生产井显著不同的特点，地下储气库地层压力按年度呈周期性变化，每年均可以恢复，甚至超过原始地层压力，因此库区任何一口井在特定条件下都有可能成为高压气井。在反复注采气过程中，地下储气井的套管、水泥环、井壁岩石和储气地层受到高压注气、循环载荷、不均匀地应力及腐蚀环境等多种因素的作用，直接影响井筒的安全可靠性及储气层的吞吐能力。例如，1980 年 9 月 17 日，美国得克萨斯州蒙特贝尔乌地区一个油气地下储气库注采井发生事故，气体通过套管腐蚀处泄漏，并沿断层及疏松土壤迁移，最终在附近居民区积聚，发生爆炸。这次事故虽未造成人员伤亡，但迫使 75 户家庭逃离家园，直到泄漏危险解除。而在 1985 年 11 月 5 日，该地区某油气地下储气库的注采井套管失效导致火灾及爆炸事故，致 2 人死亡，当地 2000 名居民被迫紧急疏散[22]。上述事故的发生促使各州对轻质烃类和天然气在油气地下储气库中的储存制定了相应的安全制度和运行规范。因此，研究地下储气库的库存量和老井的可靠性评估，对地下储气库建设及上游天然气开发和下游天然气需求具有重要意义。

1.1　地下储气库的最大运行压力研究

针对衰竭油气藏型地下储气库最大运行压力的预测，国内外众多学者给出了不同的计算方法[26-31]。下面以工程界常用的 4 种计算方法为例，说明地下储气库的最大运行压力预测的研究进展。

威廉斯和迪基分别给出了储盖层密封性较好的地下储气库的最大运行压力的计算公式，具体如下。

（1）威廉斯法

$$P_F = 0.023H_z\alpha + (0.4274C - \alpha)P_R \qquad （1\text{-}1）$$

式中：P_F——注气井油气层破裂压力；

$\quad\quad H_z$——油气层中部深度；

$\quad\quad \alpha$——岩石破裂常数，一般取 0.0325～0.0493；

$\quad\quad C$——压力梯度；

$\quad\quad P_R$——油藏储层中部压力。

（2）迪基法

形成的垂直裂缝压力为

$$P_{F1} = 0.023H_z \tag{1-2}$$

形成的水平裂缝压力为

$$P_{F2} = CH_z \tag{1-3}$$

式中：C——上覆岩层压力梯度，一般取 $0.0227 \sim 0.0247$。

大部分拟建或建成的衰竭油气藏型地下储气库目的层由断层控制，断层附近井的强注强采极易引起断层活化，造成天然气泄漏。1950 年，Sen 和 Lu[29-30]给出了断层剪切应力的计算公式。该模型假设上覆岩层是线弹性各向同性体，计算公式为

$$\tau_{yz}(x_0, y_0, z_0) = \frac{C_b E_0}{12\pi(1-\nu)} \int_v \Delta P(x,y,z) \left[\frac{\partial^2 V_1}{\partial x \partial z} + 2z \frac{\partial^3 V_2}{\partial x \partial z^2} + \frac{\partial^2 V_2}{\partial x \partial z} \right] dV \tag{1-4}$$

$$\tau_{xz}(x_0, y_0, z_0) = \frac{C_b E_0}{12\pi(1-\nu)} \int_v \Delta P(x,y,z) \left[\frac{\partial^2 V_1}{\partial y \partial z} + 2z \frac{\partial^3 V_2}{\partial y \partial z^2} + \frac{\partial^2 V_2}{\partial y \partial z} \right] dV \tag{1-5}$$

式中：$\tau_{yz}(x_0, y_0, z_0)$、$\tau_{xz}(x_0, y_0, z_0)$——点 (x_0, y_0, z_0) 处不同方向的剪切应力；

C_b——岩石压缩系数；

E_0——弹性模量；

ν——泊松比。

1996 年，Fredrich 等[31]考虑岩体-流体相互作用建立了地下储气库最大运行压力预测的流固耦合数学模型。在储层参数和边界条件合理取值的前提下，二维模型的计算结果精度能够满足工程需要。当储层构造复杂时，采用三维模型求解的地下储气库的最大运行压力误差较大。

1.2　地下储气库天然气动态运移规律的数值模拟研究

地下储气库技术涉及地质、气藏工程、采气、天然气集输与净化、天然气管道输送和城市配气方面的相关理论知识，而地下储气库的数值模拟技术是地下储气库的核心。目前，数值模拟技术已经成为指导天然气地下储气库整个注采动态运行的重要手段[32-43]。国内外关于地下储气库天然气动态运移规律的研究已取得了一定的成果。例如，Evernos 等[42]和 Laille 等[43]采用三维气水置换模型对地下储气库天然气动态运移规律进行了三维数值模拟计算，分析了注气井之间大量地层水对注气量的影响，给出了地下储气库中储层压力与水平距离的关系曲线。丹麦丹斯克石油天然气公司采用三维气体混合模型分析地下储气库天然气和惰性气体的混合问题，得出了储层压力和气体组分随时间、空间的变化规律[35]。以上研究

采用的三维渗流模型，虽然能够精细地模拟地下储气库天然气动态运移规律，但气水两相流在孔隙空间中的三维流动使模型非线性程度过高，造成求解复杂、计算量大、收敛速度慢等。展长虹等[44]将天然气动态运移简化为二维渗流问题，并采用有限元法对天然气动态运移规律进行了数值模拟计算。由于该模型忽略了气水两相流在孔隙空间中的三维流动，对于储层厚度较大的地下储气库，其计算精度较低，不易满足工程要求。

1.3　地下储气库的垫层气数值模拟研究

垫层气是衰竭油气藏型地下储气库的一项较大投资，垫层气和工作气之间的比例关系是地下储气库建设中一个主要的技术问题，因为它直接影响到地下储气库的投资规模和调峰能力。很多国家正尝试利用廉价惰性气体作为垫层气，以达到削减地下储气库运行费用及维持费用的目的。另外，国内外关于惰性气体代替天然气作为垫层气的研究已取得了一定的成果[45-52]。

1988 年，丹麦丹斯克石油天然气公司采用三维气体混合模型，分析了地下储气库天然气和惰性气体的混合问题，得出了储层压力和气体组分随时间、空间的变化规律[35]。焦文玲等[45]采用气水两相渗流和气体扩散模型，对地下储气库单个注采循环进行数值模拟，得到当氮气占垫层气的 17.91%时，回采气中氮气含量不会影响天然气的使用的结论，但并未研究地下储气库多次注采循环过程中氮气含量的动态变化规律。谭羽非和陈家新[49]利用三维两相渗流模型和三维气体扩散模型，分析了水驱氮气气藏型地下储气库运行 5 年时的回采气中天然气浓度的动态变化规律。算例结果表明，当天然气所占比例大于 85%时，混气问题不会发生，但并未研究储层参数对回采气中氮气含量的影响规律。由以上学者的研究成果可以看出，惰性气体（氮气）与天然气的混合程度对产出的天然气质量具有重要影响，因此开展回采气中氮气含量的动态变化规律研究对衰竭油藏型地下储气库的建设具有重要的经济意义。

而在地下储气库的实际注采运行过程中，天然气的强注强采使储层压力发生周期性波动，压力的周期性升降造成储层介质发生不完全可逆变形，对储层渗透率和孔隙度造成不可恢复的损伤[53-54]，因此储层介质变形对地下储气库注采运行的影响不能忽略。

1.4　地下储气库的库存量预测研究

在地下储气库实际运行过程中，由于地质结构的复杂性、天然气的易流动性和地下储气库建设等方面的原因，地下储气库不可避免地存在天然气的损耗，地下储气库中的实际库存量小于"账面"上的库存量。例如，20 世纪 80 年代初，美国怀俄明州的勒罗伊地下储气库储存的天然气大量流失，该地下储气库被迫于 1982 年停用[55]。关于地下储气库库存量的校核，国内外众多学者给出了不同的计算方法[56-59]。下面以工程界常用的 3 种计算方法为例说明地下储气库库存量校核的研究进展。

1）定体积法。根据估计或计算出的膨胀系数、地下储气库的几何形状、孔隙率、压力传递分析及统计地质学资料，用压力对由天然气所占据的孔隙体积进行积分，将由此算出的天然气量与"账面"上的天然气量进行对比，由差额得出流失或无效的天然气量。

2）地下储气库性状数据法。用注气/抽气季节前后的稳定的虚拟压力来计算和测定天然气的存量，通常采用计算机模拟来计算不稳定状态、半稳定状态及水流对天然气的驱动。

3）压力-储量数据的图形分析。以虚拟压力对储量连续作图。如果地下储气库的体积恒定不变，所绘制出的是一条直线，其斜率与截距可说明气藏的体积与储量；如果是由水流驱动的地下储气库，所绘制出的将是一条曲线。如果所取的资料合适，可用来解释天然气的迁移、渗漏及天然气泡的成长。一般采用稳定的压力数据或在井口观察到的数据对迟滞图进行修正。地下储气库库存量的计算是帮助生产技术人员分析、判断地下储气库工作状态的重要参数。地下储气库注采周期交替频繁、地层压力变化大、气体流速快，因此采用常规方法计算的地下储气库库存量误差较大。

第 2 章　地下储气库的最大运行压力预测研究

目前，国内外关于衰竭油气藏型地下储气库最大运行压力的预测主要采用宏观定性类比法、盖层矿物组成与孔隙参数定量对比法、微观定量计算法。另外，欧洲一些国家将初始地层压力作为地下储气库最大运行压力，认为当地下储气库超过该压力时，可能会造成天然气泄漏，甚至还会引起爆炸和火灾。采用对比法或经验法预测的地下储气库最大运行压力通常低于地下储气库真实的运行压力，尤其是当地下储气库目的层都由断层控制时，一定程度地降低了地下储气库的调峰能力。因此，本章给出了衰竭油气藏型地下储气库的最大运行压力预测的解析模型和数值模型，分别利用所建立的两种模型计算了国内某拟建衰竭油气藏型地下储气库的最大运行压力，并对比了解析模型与数值模型的计算精度，在此基础上研究了储层厚度、注气速率、储层孔隙度和储层渗透率等参数对地下储气库运行压力的影响规律，为我国地下储气库的建造和安全运行提供了技术支持和借鉴方法。

2.1　基于测井资料解释的地下储气库最大运行压力计算

2.1.1　基于测井资料解释的岩石力学参数计算

假定岩石为均质、各向同性的线弹性体，基于牛顿第二定律和胡克定律，可以得到声波速度在岩石介质中的波动方程为[60]

$$\rho \frac{\partial^2 \varpi_x}{\partial t^2} = G \nabla^2 \varpi_x \qquad (2\text{-}1)$$

$$\rho \frac{\partial^2 \varpi_y}{\partial t^2} = G \nabla^2 \varpi_y \qquad (2\text{-}2)$$

$$\rho \frac{\partial^2 \varpi_z}{\partial t^2} = G \nabla^2 \varpi_z \qquad (2\text{-}3)$$

式中：ρ ——岩石的密度；

ϖ_x、ϖ_y、ϖ_z ——单位体的旋转量；

t ——声波在岩石中的传播时间；

G ——剪切模量；

∇^2 ——拉普拉斯算子，$\nabla^2 = \dfrac{\partial^2}{\partial x^2} + \dfrac{\partial^2}{\partial y^2} + \dfrac{\partial^2}{\partial z^2}$。

横波在岩体中的传播速度为

$$V_s = \sqrt{\frac{E(1-\nu)}{\rho(1+\nu)(1-2\nu)}} \tag{2-4}$$

式中：E——弹性模量；

　　　ν——泊松比。

纵波在岩体中的传播速度为

$$V_p = \sqrt{\frac{G}{\rho}} = \sqrt{\frac{E}{2\rho(1+\nu)}} \tag{2-5}$$

对式（2-4）和式（2-5）进行变换，可得到纵横波在岩体中的传播速度与岩石动态弹性参数间的关系式为

$$\nu_d = \frac{V_p^2 - 2V_s^2}{2(V_p^2 - V_s^2)} \tag{2-6}$$

$$E_d = \frac{\rho V_s^2 (3V_p^2 - 4V_s^2)}{(V_p^2 - V_s^2)} \tag{2-7}$$

式中：ν_d——动态泊松比；

　　　E_d——动态弹性模量；

　　　V_p——纵波速度；

　　　V_s——横波速度。

在得到岩石动态弹性参数的基础上，根据 Myung 和 Helander[61]给出的岩石动态弹性模量 E_d 与静态弹性模量 E_s 的统计关系，即可求得动静态储层岩石力学参数的关系式，即

$$E_s = 1.34E_d - 0.371 \tag{2-8}$$

$$\nu_s = 0.082 + 0.38\nu_d \tag{2-9}$$

式中：ν_s——静态泊松比。

2.1.2　地应力计算模型的建立[62]

假设岩石为均质、各向同性的弹性体，忽略垂直构造应力分量，设构造应力为水平方向的压应力。应力场的各分量主要包括上覆岩层的重力、构造应力、孔隙压力、温差应力等。

以地面井眼中心为原点建立坐标系，以最大水平构造应力方向为 x 轴，最小构造应力方向为 y 轴，井眼轴线向下为 z 轴，建立相应的柱坐标系 $r\text{-}\theta\text{-}z$，如图 2-1 所示。

1. 各应力分量及表达式

1）上覆岩层重力应力及其分量：分析层段内的重力应力为层段顶部的上覆岩

层的重力，设作用方向垂直向下，第一主应力表达式为

$$\sigma_{\rho zi} = \sum_{j=1}^{i} \rho_j g h_j \tag{2-10}$$

式中：ρ_j——自地面向下第 j 层地层的岩石密度；

$\quad\quad g$——自由落体加速度；

$\quad\quad h_j$——自地面向下第 j 层地层的地层高度。

由重力应力引起的在水平方向的最大主应力、最小主应力分别为第二主应力与第三主应力，其数值相等，表达式为

$$\sigma_{\rho H \max i} = \sigma_{\rho H \min i} = \frac{v_i}{1 - v_i} \sum_{j=1}^{i} \rho_j g h_j \tag{2-11}$$

式中：v_i——自地面向下第 i 层地层的岩石泊松比。

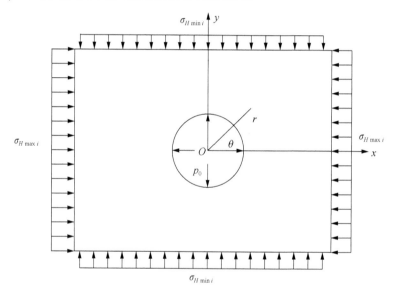

图 2-1　分层地应力模型图

2）孔隙流体压应力及其分量：分析地层岩石骨架在未开发前受到孔隙内原始流体压力 p_0 作用，孔隙流体压应力为三向等压应力，其数值即等于孔隙压力 p_0。设在开发过程中实测的孔隙压力为 p_i，则孔隙流体压力在 3 个主应力方向上的分量（垂向、水平最大、水平最小）为

$$\sigma_{pzi} = \sigma_{pH \max i} = \sigma_{pH \min i} = p_i \tag{2-12}$$

3）构造应力及其分量：设最大水平构造应力的第一主应力为 $\sigma_{gH \max i}$，则其在水平方向与垂直方向的主应力分量为

$$\sigma_{gH\min i} = \sigma_{gzi} = \frac{\nu_i}{1-\nu_i}\sigma_{gH\max i} \qquad (2\text{-}13)$$

4）温度应力及其分量：在开发使用之前，油藏的地应力主要由上覆岩层压力、地层孔隙压力与构造应力组成。随着油田的开发，尤其是注水、注蒸汽、火烧油层及吞吐工艺的施行，地层温度将会发生明显的变化，因而也会产生温度应力。对于假设各向同性的岩石，温度应力沿 3 个主应力方向的分量相等，设开发以前分析地层原始温度为 T_{0i}，油田开发过程中产层实际地层温度为 T_i（由油田开发过程中实测资料得到），于是由温度应力引起的 3 个主应力为

$$\sigma_{Tzi} = \sigma_{TH\max i} = \sigma_{TH\min i} = \frac{\alpha_i E_i (T_i - T_{0i})}{(1 - 2\nu_i)} \qquad (2\text{-}14)$$

式中：α_i——分析层位岩石的温度线膨胀系数；

E_i——分析层位岩石的弹性模量。

2. 应力分量的合成

分析层位的三向主应力总和分别由重力应力、地层孔隙压力、构造应力与温度应力的分量组成，3 个主应力表达式为

$$\begin{cases} \sigma_{zi} = \sigma_{\rho zi} + \sigma_{pzi} + \sigma_{gzi} + \sigma_{Tzi} \\ \sigma_{H\max i} = \sigma_{\rho H\max i} + \sigma_{pH\max i} + \sigma_{gH\max i} + \sigma_{TH\max i} \\ \sigma_{H\min i} = \sigma_{\rho H\min i} + \sigma_{pH\min i} + \sigma_{gH\min i} + \sigma_{TH\min i} \end{cases} \qquad (2\text{-}15)$$

分别将式（2-10）～式（2-14）代入式（2-15）中，得到分析层的 3 个主应力为

$$\begin{cases} \sigma_{zi} = \sum_{j=1}^{i} \rho_j h_j g + p_i + \dfrac{\nu_i}{1-\nu_i}\sigma_{gH\max i} + \dfrac{\alpha_i E_i (T_i - T_{0i})}{1-2\nu_i} \\[2mm] \sigma_{H\max i} = \dfrac{\nu_i}{1-\nu_i}\sum_{j=1}^{i}\rho_j h_j g + p_i + \sigma_{gH\max i} + \dfrac{\alpha_i E_i (T_i - T_{0i})}{1-2\nu_i} \\[2mm] \sigma_{H\min i} = \dfrac{\nu_i}{1-\nu_i}\sum_{j=1}^{i}\rho_j h_j g + p_i + \dfrac{\nu_i}{1-\nu_i}\sigma_{gH\max i} + \dfrac{\alpha_i E_i (T_i - T_{0i})}{1-2\nu_i} \end{cases} \qquad (2\text{-}16)$$

ρ_j、h_j、ν_i、α_i、E_i 由现场测井资料与岩芯的实验室分析得到，水平构造应力可由水力压裂得到。

式（2-16）为分层地应力模型的线弹性分析结果，即只要知道分析层位的有关参数，由式（2-16）就可获得相应的主应力分量。

2.1.3　地下储气库的最大运行压力计算模型的建立

地下储气库必须具备气体"注得进、采得出、存得住"的功能，因此其具有大排量注采、高低压周期变化的特点。而大部分拟建或建成的衰竭油气藏型地下

储气库目的层都有断层控制，断层附近井的强注强采极易引起断层活化，造成天然气泄漏。假设断层发生剪切破坏（莫尔-库仑强度包络线如图2-2所示），则由莫尔-库仑准则可知：

$$\tau_f = c + \sigma \tan\varphi \qquad (2\text{-}17)$$

式中：τ_f、σ——破坏面的剪应力和正应力；

　　　　c——断层的黏聚力；

　　　　φ——断层的内摩擦角。

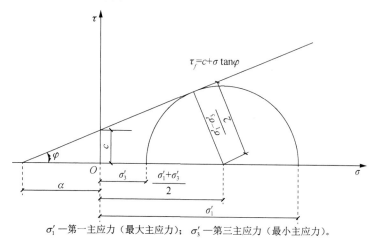

σ_1'—第一主应力（最大主应力）；　σ_3'—第三主应力（最小主应力）。

图2-2　莫尔-库仑强度包络线

由图2-2可知：

$$\sin\varphi = \dfrac{\dfrac{\sigma_1' - \sigma_3'}{2}}{\alpha + \dfrac{\sigma_1' + \sigma_3'}{2}} \qquad (2\text{-}18)$$

$$\alpha = c \cot\varphi \qquad (2\text{-}19)$$

将式（2-19）代入式（2-18）得

$$\sin\varphi = \dfrac{\sigma_1' - \sigma_3'}{2c\cot\varphi + \sigma_1' + \sigma_3'} \qquad (2\text{-}20)$$

对于三轴试验数据，通常利用最大主应力 σ_1 为纵坐标，以最小主应力 σ_3 为横坐标，则由式（2-20）推导出该强度包络线为

$$\sigma_1' = \sigma_3' \dfrac{1 + \sin\varphi}{1 - \sin\varphi} + \dfrac{2c\cos\varphi}{1 - \sin\varphi} \qquad (2\text{-}21)$$

由有效应力原理可知：

$$\sigma_1' = \sigma_1 - p_c \qquad (2\text{-}22)$$

$$\sigma_3' = \sigma_3 - p_c \qquad (2\text{-}23)$$

将式（2-22）和式（2-23）代入式（2-21）可得

$$p_c = \frac{\xi\sigma_3 - \sigma_1 + \sigma_c}{1 + \xi} \qquad (2\text{-}24)$$

式中：p_c——地下储气库最大运行压力；令 $\xi = \dfrac{1 + \sin\varphi}{1 - \sin\varphi}$；$\sigma_c = \dfrac{2c\cos\varphi}{1 - \sin\varphi}$。

2.1.4 算例分析及结果讨论

基于声波测井资料与岩石力学参数的理论模型、分层地应力模型和地下储气库的最大运行压力的计算模型，本节以国内某拟建地下储气库 ST-1 井为例计算地下储气库最大运行压力。

（1）岩石力学参数的确定

ST-1 井的声波测井数据图如图 2-3 所示，可以看出，ST-1 井的纵波时差主要分布范围为 260～300μs/m，横波时差主要分布范围为 450～650μs/m，岩石密度主要分布范围为 2.2～2.5g/cm³。ST-1 井的测井解释结果图如图 2-4 所示，可以看出，ST-1 井的剪切模量主要分布范围为 5～9GPa，弹性模量主要分布范围为 20～50GPa，储层的泊松比主要分布范围为 0.27～0.34。

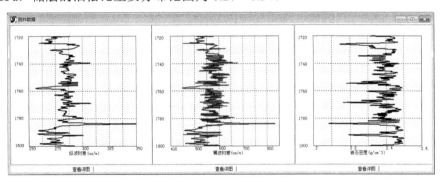

图 2-3 ST-1 井的声波测井数据图

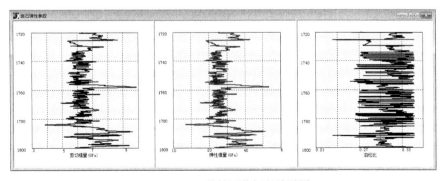

图 2-4 ST-1 井的测井解释结果图

（2）三向主应力剖面的确定

ST-1 井的三向主应力剖面图如图 2-5 所示，可以看出，ST-1 井的最大水平主应力主要分布范围为 36～40MPa，最小主应力主要分布范围为 20～26MPa，垂向主应力主要分布范围为 28～29.5MPa。

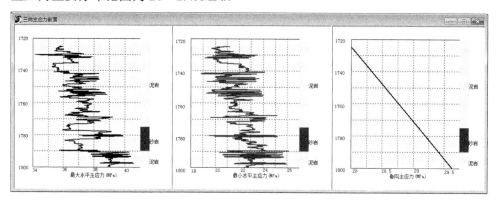

图 2-5　ST-1 井的三向主应力剖面图

（3）最大运行压力的计算

在获得三向主应力剖面的基础上，本节基于所建立的地下储气库的最大运行压力计算模型，可得到地下储气库的最大运行压力，计算结果见表 2-1。

表 2-1　观察井压力实测值和反演值

项目		数值
主应力/MPa	最大主应力	38.5
	最小主应力	23.6
最大运行压力/MPa	解析解	16.15
	数值解	17.26
误差/%		6.87

从表 2-1 中可以看出，在测井资料解释的应力的基础上，本节基于所建立的地下储气库的最大运行压力计算模型，计算得出的最大运行压力为 16.15MPa，它与数值模拟值的相对误差为 6.87%，误差较小。该模型计算简单，可以满足工程要求。

主压应力区与主拉应力区地下储气库最大运行压力与井深的关系曲线如图 2-6 和图 2-7 所示，可以看出，在主压应力区，采用解析模型和数值模型计算的地下储气库的最大运行压力值具有较好的一致性，计算结果相对误差约为 8%，可见在主压力区，采用解析模型计算的地下储气库最大运行压力具有较高的计算精度，可以满足工程计算要求，同时具有求解简单、便于操作等优点；而在主拉应力区，采用解析模型和数值模型计算的地下储气库的最大运行压力相对误差为31%～500%，且相对误差随着井深的增加逐渐减小，但最小误差也达 31%，无法满足工程实际要求。这是因为，本节所建立的地下储气库的最大运行压力计算模型仅考虑两向主应力的影响，忽略了中间主应力的影响，造成在主应力区采用解析模型计算的最大运行压力过于保守，误差较大，因此在主拉应力区宜采用数值模型求解。

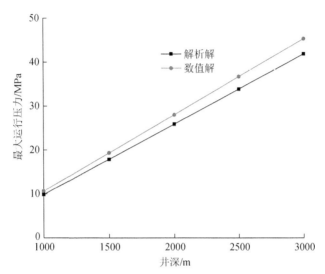

图 2-6 主压应力区地下储气库最大运行压力与井深的关系曲线

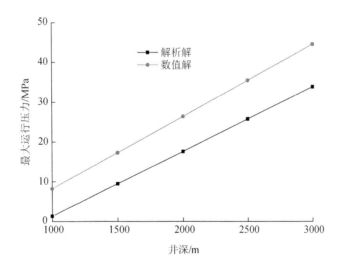

图 2-7 主拉应力区地下储气库最大运行压力与井深的关系曲线

2.2　基于损伤模型的主拉应力区最大运行压力的数值模拟

针对在主拉应力区，采用解析模型计算的最大运行压力过于保守，本节基于渗流力学、固体力学、损伤力学等理论建立地下储气库渗流-应力-损伤耦合模型，并以 ABAQUS 软件为分析平台，对处于主拉应力区的地下储气库的最大运行压力进行数值模拟分析。

2.2.1　渗流-应力-损伤耦合模型的建立

1. 应力场控制方程

假设储层骨架变形遵循太沙基（Terzaghi）有效应力原理，该原理用数学形式可表示为[63-64]

$$\sigma'_{ij} = \sigma_{ij} - \alpha\delta_{ij}p \tag{2-25}$$

式中：σ'_{ij}——有效应力；

　　　σ_{ij}——总应力；

　　　p——孔隙流体压力；

　　　δ_{ij}——克罗内克张量。

1）应力平衡方程为

$$\sigma'_{ij,j} + (\alpha p\delta_{ij})_{,j} + F_i = 0 \tag{2-26}$$

式中：F_i——体积力。

2）几何方程为

$$\varepsilon = BU \tag{2-27}$$

式中：ε——应变，$\varepsilon = \begin{bmatrix} \varepsilon_x & \varepsilon_y & \varepsilon_z & \gamma_{xy} & \gamma_{yz} & \gamma_{zx} \end{bmatrix}^{\mathrm{T}}$；

　　　U——位移，$U = [u\ v\ w]^{\mathrm{T}}$；

　　　B——微分算子矩阵。

3）本构方程为

$$\sigma = D\varepsilon \tag{2-28}$$

式中：σ——土体应力；

　　　D——弹性矩阵。

将式（2-25）、式（2-27）和式（2-28）代入式（2-26）得

$$\frac{G}{1-2\nu}\nabla\varepsilon + G\nabla^2 u + \alpha\nabla p + F_i = 0 \tag{2-29}$$

式中：G——剪切模量，$G = \dfrac{E}{2(1+\nu)}$；

∇^2 ——拉普拉斯算子，$\nabla^2 = \dfrac{\partial^2}{\partial x^2} + \dfrac{\partial^2}{\partial y^2} + \dfrac{\partial^2}{\partial z^2}$；

F_i ——体积力。

2. 渗流场控制方程

气体渗流的连续性方程为

$$\frac{1}{J}\frac{\partial}{\partial t}(J\rho_{\mathrm{g}}\phi) + \frac{\partial}{\partial x}(\rho_{\mathrm{g}}\phi v_{\mathrm{g}}) = 0 \tag{2-30}$$

式中：J ——多孔介质体积变化比率，量纲一；

ρ_{g} ——气体密度；

ϕ ——孔隙度，量纲一；

v_{g} ——气体渗流速度。

气体在多孔介质中的流动服从达西渗流定律，则有

$$v_{\mathrm{g}} = -\frac{1}{\phi\rho_{\mathrm{g}}g}k\left(\frac{\partial p_{\mathrm{g}}}{\partial x} - \rho_{\mathrm{g}}g\right) \tag{2-31}$$

式中：k ——渗透系数。

3. 损伤耦合方程

储层岩体细观基元的应力状态或应变状态满足某个给定的损伤阈值时，基元开始损伤，损伤基元的弹性模量可表示为

$$E = (1-D)E_0 \tag{2-32}$$

式中：D ——损伤变量；

E、E_0 ——损伤单元和无损伤单元的弹性模量。

采用莫尔-库仑准则和最大拉伸强度准则作为损伤阈值对单元进行损伤判别。

1）当采用莫尔-库仑准则时，剪应力达到莫尔-库仑损伤阈值，其损伤变量可表示为[65]

$$D = \begin{cases} 0 & \varepsilon \leqslant \varepsilon_{\mathrm{c0}} \\ 1 - \dfrac{f_{\mathrm{cr}}}{E_0 \varepsilon} & \varepsilon_{\mathrm{c0}} < \varepsilon \end{cases} \tag{2-33}$$

式中：f_{cr} ——抗压残余强度；

$\varepsilon_{\mathrm{c0}}$ ——最大压应变；

ε ——残余应变。

对应的单元渗透系数为

$$k = \begin{cases} k_0 \mathrm{e}^{-\beta(\sigma_1-\alpha p)} & D = 0 \\ \xi k_0 \mathrm{e}^{-\beta(\sigma_1-\alpha p)} & D > 0 \end{cases} \tag{2-34}$$

式中：k_0——初始渗透系数；

p——孔隙流体压力；

β——耦合系数；

α——孔隙压力系数；

ξ——增大的渗透系数。

2）当采用最大拉伸强度准则时，单元强度达到损伤阈值，其损伤变量可表示为

$$D = \begin{cases} 0 & \varepsilon_{t0} \leqslant \varepsilon \\ 1 - \dfrac{f_{\mathrm{tr}}}{E_0\varepsilon} & \varepsilon_{t0} > \varepsilon > \varepsilon_0 \\ 1 & \varepsilon \leqslant \varepsilon_0 \end{cases} \tag{2-35}$$

式中：f_{tr}——抗拉残余强度；

ε_{t0}——最大拉应变。

对应的单元渗透系数为

$$k = \begin{cases} \eta \mathrm{e}^{-\beta(\sigma_3-\alpha p)} & D = 0 \\ \xi\eta \mathrm{e}^{-\beta(\sigma_3-\alpha p)} & 0 < D < 1 \\ \xi'\eta \mathrm{e}^{-\beta(\sigma_3-p)} & D = 1 \end{cases} \tag{2-36}$$

式中：ξ'——单元破坏时的渗透增大系数；

η——原始渗透率。

损伤单元的弹性模量 E 为

$$E = (1-D)E_0 \tag{2-37}$$

式中：E_0——无损伤单元的弹性模量。

2.2.2 算例分析及结果讨论

基于所建立的损伤模型，本节对国内某拟建衰竭气藏型地下储气库的最大运行压力进行数值模拟。假设储层处于拉应力区（$\sigma_{\mathrm{H}} = 0.7\sigma_{\mathrm{v}}$），地下储气库衰竭压力为 12MPa，注采井控制半径为 500m，储层厚度为 10m，注气时间为 200d，注气速率为 $15\times10^4\mathrm{m}^3/\mathrm{d}$，断层倾角为 60°，储层岩石力学参数见表 2-2，计算模型如图 2-8 所示。

表 2-2　储层岩石力学参数

岩性	弹性模量/GPa	泊松比	黏聚力/ MPa	内摩擦角/ (°)	孔隙度	渗透系数/mD
盖层	25	0.22	4.3	35	0.2	0.05
储层	23	0.25	2.5	32	0.3	200
断层	12	0.3	0.8	30	0.35	330

注：1mD=0.987×10^{-3}μm^2。

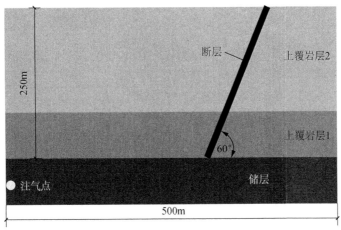

图 2-8　地下储气库最大运行压力计算模型图

图 2-9~图 2-12 分别为当地下储气库的最大运行压力 p 为 20MPa、22MPa、23MPa 和 24MPa 时的盖层断面损伤因子分布图。当地下储气库的运行压力达到 23MPa 时，由计算可知，断层的影响因子从 0 增加到 0.66，这说明底部断层开始发生剪切滑移破坏，断层被激活，此时对应的便是地下储气库的极限运行压力，若超过此压力，极易造成天然气泄漏；当地下储气库运行压力增加到 24MPa 时，由计算可知，断层的影响因子从 0.66 增加到 1，断层剪切滑移破坏扩展到盖层顶部，造成天然气泄漏。

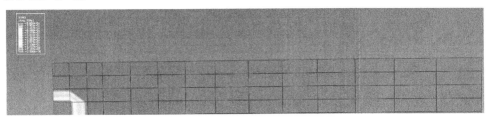

图 2-9　p=20MPa 时的盖层断面损伤因子分布图

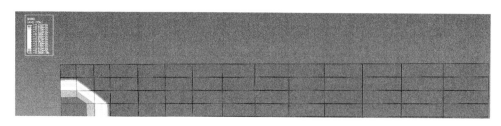

图 2-10　*p*=22MPa 时的盖层断面损伤因子分布图

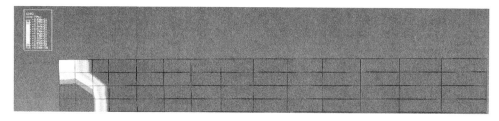

图 2-11　*p*=23MPa 时的盖层断面损伤因子分布图

图 2-12　*p*=24MPa 时的盖层断面损伤因子分布图

2.2.3　影响因素分析

为了得到地下储气库注采运行过程中储层厚度、注气量、孔隙度和渗透率等参数对地下储气库运行压力的影响，本节利用所建立的损伤模型开展储层数值模拟研究。

图 2-13 所示为不同储层厚度（*H*）下地下储气库运行压力与注气时间的关系曲线。从图 2-13 中可以看出，目标注气量一定时，储层厚度越大，地下储气库运行压力上升越缓慢，越有利于地下储气库安全。例如，当注气结束时，储层厚度从 5m 增加到 20m，地下储气库运行压力从 17.14MPa 减少到 15.01MPa，降低了12.4%。因此，在天然气地下储气库选址过程中，储层厚度不宜太小，避免在开始注气时因储层厚度较小造成严重的憋压现象，这对储层的密封性非常不利。

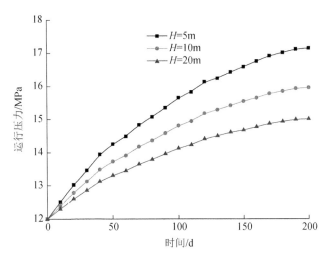

图 2-13　不同储层厚度（H）下地下储气库运行压力与注气时间的关系曲线

图 2-14 所示为不同注气速率（Q）下地下储气库运行压力与注气时间的关系曲线。从图 2-14 中可以看出，注气速率越大，地下储气库运行压力上升越快。当注气速率过大时，地下储气库运行压力先逐渐增大而后增幅趋缓。这是因为，随着地下储气库运行压力的不断增加，盖层底部断层发生剪切滑移破坏，断层被激活后，地下储气库运行压力增幅减小，此时对应的压力即为地下储气库极限运行压力。当断层剪切滑移破坏扩展到盖层顶部时，地下储气库运行压力达到峰值。因此，为保护地下储气库储层的密封性，现场宜选择较小的注气速率。

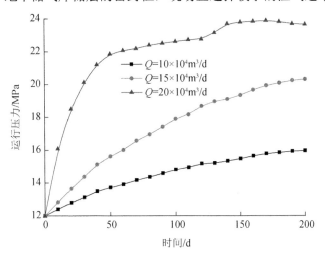

图 2-14　不同注气速率（Q）下地下储气库运行压力与注气时间的关系曲线

图 2-15 所示为不同储层孔隙度（ϕ）下地下储气库运行压力与注气时间的关

系曲线。当目标注气量一定时，储层孔隙度越大，地下储气库运行压力上升越慢，越能确保注入气对水的良好驱替。例如，当储层孔隙度从 0.1 增加到 0.3 时，注气点最大压力从 17.67MPa 减小到 14.38MPa，降低了 18.6%。

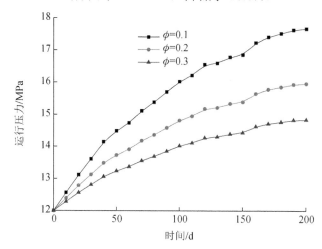

图 2-15　不同储层孔隙度（ϕ）下地下储气库运行压力与注气时间的关系曲线

图 2-16 所示为不同储层渗透率（K）下地下储气库运行压力与注气时间的关系曲线。从图 2-16 中可以看出，与注气速率对地下储气库运行压力的影响规律相反，储层渗透率越大，地下储气库运行压力越小，而当储层渗透率过小时，地下储气库运行压力过大会造成盖层底部断层发生剪切滑移破坏，断层被激活，盖层密封性遭到破坏。为了防止因盖层破坏造成气体泄漏，在地下储气库选址过程中，盖层宜选择渗透率较高的储层。

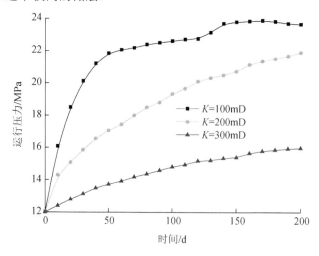

图 2-16　不同储层渗透率（K）下地下储气库运行压力与注气时间的关系曲线

2.3　本　章　小　结

1）本章给出了衰竭油气藏型地下储气库的最大运行压力预测的解析模型和数值模型，分别利用所建立的两种模型计算了国内某拟建衰竭油气藏型地下储气库的最大运行压力，对比了解析模型与数值模型的计算精度，在此基础上研究了储层厚度、注气速率、储层孔隙度和储层渗透率等参数对地下储气库运行压力的影响规律。

2）在主压应力区，采用解析模型和数值模型计算的地下储气库的最大运行压力值具有较好的一致性，计算结果相对误差约为 8%。而在主拉应力区，采用解析模型和数值模型计算的地下储气库的最大运行压力相对误差为 31%～500%，且相对误差随着井深的增加逐渐减小，但最小误差也达 31%，无法满足工程实际要求。地下储气库运行压力随着储层厚度、渗透率和孔隙度的增加而非线性降低，随着注气速率的增加而非线性增加。

第3章　强注强采条件下的地下储气库天然气动态运移研究

地下储气库主要包括衰竭油气藏型、含水层型、盐穴型和废气矿坑型等类型。由于含水构造分布广泛且具有钻井完井一次到位的优点，因此含水层型地下储气库仅次于衰竭油气藏型地下储气库，并在世界范围内得到广泛应用。为了确保地下储气库经济高效地安全运行，美国、德国、丹麦、意大利等国家根据不同地下储气库类型和不同流动过程建立了相应的数学模型，并用于指导地下储气库整个注采动态运行过程，其数值模拟技术已经成为指导天然气地下储气库整个注采动态运行的重要手段。国内外进行关于衰竭油气藏型地下储气库天然气动态运移规律的研究时，一般采用三维渗流模型。三维渗流模型虽然能够精细地模拟地下储气库天然气动态运移规律，但气水两相流在孔隙空间中的三维流动使模型非线性程度过高，造成其求解复杂、计算量大、收敛速度慢等。因此本章针对储层厚度与储层面积相比较小的特点，通过垂向积分，并沿储层垂向高度建立衰竭油气藏型地下储气库天然气动态运移的等效渗流模型。利用该模型计算了国内某拟建地下储气库天然气动态运移过程中的注气点含气饱和度和地层压力随水平距离的变化规律，研究了储层厚度、储层渗透率、注气速率和孔隙度等参数对含气饱和度和地层压力的影响规律，为我国地下储气库的建造和安全运行提供技术支持和借鉴。

3.1　强注强采条件下天然气渗流模型建立

3.1.1　应力场控制方程

假设储层骨架变形遵循太沙基有效应力原理，该原理的数学形式见式（2-25）。

（1）应力平衡方程

空间一点的应力状态如图 3-1 所示。首先根据 x、y 和 z 面的力平衡建立 3 个面上的平衡方程，并将平衡方程写成张量形式，见式（2-26）。

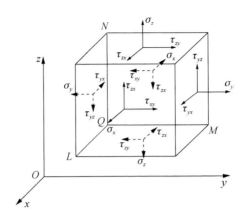

图 3-1　空间一点的应力状态

（2）几何方程

几何方程见式（2-27）。

（3）本构方程

本构方程见式（2-28）。

根据上述公式得

$$\begin{cases} \dfrac{G}{1-2v}\left[\dfrac{\partial^2 u}{\partial x^2}+\dfrac{\partial^2 v}{\partial x\partial y}+\dfrac{\partial^2 w}{\partial x\partial z}\right]+G\nabla^2 u-\alpha\dfrac{\partial p}{\partial x}+F_x=0 \\[3mm] \dfrac{G}{1-2v}\left[\dfrac{\partial^2 u}{\partial y\partial x}+\dfrac{\partial^2 v}{\partial y^2}+\dfrac{\partial^2 w}{\partial y\partial z}\right]+G\nabla^2 v-\alpha\dfrac{\partial p}{\partial y}+F_y=0 \\[3mm] \dfrac{G}{1-2v}\left[\dfrac{\partial^2 u}{\partial z\partial x}+\dfrac{\partial^2 v}{\partial z\partial y}+\dfrac{\partial^2 w}{\partial z^2}\right]+G\nabla^2 w-\alpha\dfrac{\partial p}{\partial z}+F_z=0 \end{cases} \quad (3\text{-}1)$$

式中：G——剪切模量，$G=\dfrac{E}{2(1+v)}$；

　　　　∇^2——拉普拉斯算子，$\nabla^2=\dfrac{\partial^2}{\partial x^2}+\dfrac{\partial^2}{\partial y^2}+\dfrac{\partial^2}{\partial z^2}$。

3.1.2　渗流场控制方程

　　假设气水两相渗流为等温过程，建立如图 3-2 所示的微元体。根据质量守恒原理，在各方向上单位时间内流入微元体的质量减去流出的质量，再加上质量源的生成量应等于单位时间内微元体的质量变化量，则有

$$\frac{\partial(\phi\rho_\alpha S_\alpha)}{\partial t}\mathrm{d}x\mathrm{d}y\mathrm{d}z = \left\{\rho_\alpha v_x - \left[\rho_\alpha v_x + \frac{\partial(\rho_\alpha v_x)}{\partial x}\mathrm{d}x\right]\right\}\mathrm{d}y\mathrm{d}z$$

$$+\left\{\rho_\alpha v_y - \left[\rho_\alpha v_y + \frac{\partial(\rho_\alpha v_y)}{\partial y}\mathrm{d}y\right]\right\}\mathrm{d}x\mathrm{d}z$$

$$+\left\{\rho_\alpha v_z - \left[\rho_\alpha v_z + \frac{\partial(\rho_\alpha v_z)}{\partial z}\mathrm{d}z\right]\right\}\mathrm{d}x\mathrm{d}y + q\mathrm{d}x\mathrm{d}y\mathrm{d}z \qquad （3-2）$$

式中：q——源项。

整理可得地下储气库中流体动态运移的连续性方程为

$$\frac{\partial(\phi\rho_\alpha S_\alpha)}{\partial t} = -\left[\frac{\partial(\rho_\alpha v_x)}{\partial x} + \frac{\partial(\rho_\alpha v_y)}{\partial y} + \frac{\partial(\rho_\alpha v_z)}{\partial z}\right] + q \qquad （3-3）$$

式（3-3）可进一步简化，得到流体渗流连续性方程，即

$$\frac{\partial(\phi\rho_\alpha S_\alpha)}{\partial t} + \nabla(\rho_\alpha v_\alpha) = q \qquad （3-4）$$

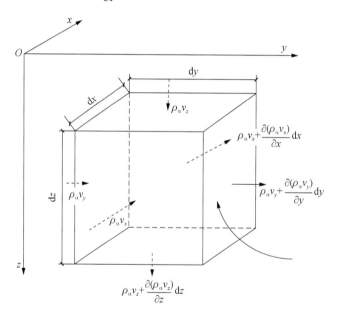

图 3-2　微元体质量守恒示意图

假设水驱衰竭气藏型地下储气库注气后由于气水重力分异作用在 $z(t)=h(x,y,t)$ 处存在明显的气水分界面且气水两相渗流符合达西定律，则饱和度沿储层垂向分布可表示为

$$S_g = \begin{cases} 1 - S_{res}^w & 0 < z \leqslant h \\ 0 & h < z \leqslant H \end{cases} \qquad （3-5）$$

$$S_{\mathrm{w}} = \begin{cases} S_{\mathrm{res}}^{\mathrm{w}} & 0 < z \leqslant h \\ 1 & h < z \leqslant H \end{cases} \tag{3-6}$$

式中：$S_{\mathrm{res}}^{\mathrm{w}}$——残余水饱和度；

　　　S_{g}——气饱和度；

　　　S_{w}——水饱和度。

由流体渗流连续性方程式（3-4）可推得流体相 α 的垂向压力方程为

$$\frac{\partial p_{\alpha}}{\partial z} = -\frac{\mu_{\alpha} v_{z,\alpha}}{K K_{\mathrm{r}\alpha}} + \rho_{\alpha} g \tag{3-7}$$

式中：μ_{α}——流体相 α 的黏度；

　　　$K_{\mathrm{r}\alpha}$——流体相 α 的相对渗透率，量纲一；

　　　p_{α}——流体相 α 的压力；

　　　$v_{z,\alpha}$——流体相 α 垂向速率；

　　　ρ_{α}——流体相 α 的密度。

对流体相 α 的垂向压力方程式（3-7）进行垂向积分，并结合饱和度方程式（3-5）和式（3-6）可知，当 $z < h$ 时，气相压力方程为

$$\int_0^z \frac{\partial p}{\partial z} \mathrm{d}z = \int_0^h \frac{\partial p_{\mathrm{c}}}{\partial z} \mathrm{d}z \tag{3-8}$$

式中：p_{c}——毛细管压力。

当 $z > h$ 时，水相压力方程为

$$\int_0^z \frac{\partial p}{\partial z} \mathrm{d}z = \int_0^h \frac{\partial p_{\mathrm{g}}}{\partial z} \mathrm{d}z + \int_h^z \frac{\partial p_{\mathrm{w}}}{\partial z} \mathrm{d}z \tag{3-9}$$

式中：p_{g}——气体压力；

　　　p_{w}——水压力。

考虑到油气藏储层厚度与储层面积相比很小的特点，本节忽略天然气的垂向运移速率，分别对气相和水相压力方程式（3-7）和式（3-8）进行积分，可得储气库流体压力方程为

$$p(x, y, z, t) = p_1 + \begin{cases} \rho_{\mathrm{g}} g z & z \leqslant h \\ \rho_{\mathrm{g}} g h + \rho_{\mathrm{w}} g(z - h) & z > h \end{cases} \tag{3-10}$$

式中：p_1——储层中 $z = 0$ 处的压力；

　　　h——储层中天然气垂向高度，它是坐标 (x, y) 和时间 t 的函数。

同理，由质量守恒原理推导得固体骨架连续性方程为

$$\frac{\partial \rho_{\mathrm{s}}'}{\partial t} + \nabla \left(\rho_{\mathrm{s}}' V_{\mathrm{s}} \right) = 0 \tag{3-11}$$

式中：ρ'_s——固体骨架密度；

V_s——固体骨架的绝对速度。

假设岩石颗粒的密度为 ρ_s ，则有

$$\rho'_s = \rho_s(1-\phi) \tag{3-12}$$

式中：ϕ——孔隙度。

将式（3-12）代入式（3-11）整理得

$$\frac{\partial}{\partial t}\big[\rho_s(1-\phi)\big] + \nabla\big[\rho_s(1-\phi)V_s\big] = 0 \tag{3-13}$$

将式（3-13）进一步整理可表示为

$$\rho_s\frac{\partial(1-\phi)}{\partial t} + (1-\phi)\frac{\partial\rho_s}{\partial t} + \rho_s(1-\phi)\nabla V_s + \nabla\big[\rho_s(1-\phi)\big]V_s = 0 \tag{3-14}$$

假设储层岩体为各向同性材料，则 $\nabla\big[\rho_s(1-\phi)\big]V_s$ 和 $(1-\phi)\dfrac{\partial\rho_s}{\partial t}$ 可忽略，因此式（3-14）可表示为

$$\rho_s\frac{\partial(1-\phi)}{\partial t} + \rho_s(1-\phi)\nabla V_s = 0 \tag{3-15}$$

$$\nabla V_s = \nabla\frac{\partial U}{\partial t} = \frac{\partial}{\partial t}(\nabla U) = \frac{\partial\varepsilon_v}{\partial t} \tag{3-16}$$

式中：U——位移；

ε_v——体积应变。

将式（3-16）代入式（3-15）整理可得骨架连续性方程为

$$\frac{\partial(1-\phi)}{\partial t} + (1-\phi)\frac{\partial\varepsilon_v}{\partial t} = 0 \tag{3-17}$$

由流体渗流运动方程可知：

$$V_s = V_g - V_r \tag{3-18}$$

式中：V_g——气相绝对速度；

V_r——气相相对于固体骨架的速度。

由达西渗流方程可知，流体速度 V_α 为

$$V_\alpha = -\frac{KK_{r\alpha}}{\mu_\alpha}(\nabla p_\alpha - \rho_\alpha g\nabla D) \tag{3-19}$$

式中：D——标高；

K——绝对渗透率；

$K_{r\alpha}$——相对渗透率。

根据式（3-16）、式（3-18）和式（3-19），式（3-3）可进一步表示为

$$\phi S_\alpha \rho_\alpha \frac{\partial \varepsilon_v}{\partial t} + V_s \nabla(\phi S_\alpha \rho_\alpha) + \frac{\partial(\phi S_\alpha \rho_\alpha)}{\partial t} - \nabla\left[\rho_\alpha \frac{KK_{r\alpha}}{\mu_g}(\nabla p_\alpha - \rho_\alpha g \nabla D)\right] + q = 0 \quad （3\text{-}20）$$

式中：S_α —— α 相饱和度；

ρ_α —— α 相密度；

ε_v —— 体积应变；

μ_g —— 气相绝对速度；

q —— 源相。

结合式（3-17）和式（3-19）并忽略 $\dfrac{\partial(S_\alpha \rho_\alpha)}{\partial t}$ 项，则式（3-20）可化简为

$$S_\alpha \rho_\alpha \left(\frac{\partial \varepsilon_v}{\partial t} + \frac{(1-\phi)}{\rho_s}\frac{\partial \rho_s}{\partial t}\right) + \frac{\partial(\phi S_\alpha \rho_\alpha)}{\partial t} - \nabla\left[\rho_\alpha \frac{KK_{r\alpha}}{\mu_g}(\nabla p_\alpha - \rho_\alpha g \nabla D)\right] + q = 0 \quad （3\text{-}21）$$

将方程式（3-21）进行垂向积分，并沿储层垂向高度 H 平均，再结合式（3-9）和式（3-10）推导得出气水两相在储层中的动态运移方程。

气相动态运移方程为

$$\frac{\rho_g}{H}\int_0^H S_g\left[\frac{\partial \varepsilon_v}{\partial t} + \frac{(1-\phi)}{\rho_s}\frac{\partial \rho_s}{\partial t}\right]dz + \frac{\phi \rho_g}{H}\int_0^H \frac{\partial S_g}{\partial t}dz$$

$$-\frac{\rho_g}{H}\int_0^H \nabla\left[\frac{KK_{rg}}{\mu_g}(\nabla p_g - \rho_g g \nabla D)\right]dz + \frac{1}{H}\int_0^H q dz = 0 \quad （3\text{-}22）$$

式中：K_{rg} —— 气相的相对渗透率。

水相动态运移方程为

$$\frac{\rho_w}{H}\int_0^H S_w\left[\frac{\partial \varepsilon_v}{\partial t} + \frac{(1-\phi)}{\rho_s}\frac{\partial \rho_s}{\partial t}\right]dz + \frac{\phi \rho_w}{H}\int_0^H \frac{\partial S_w}{\partial t}dz$$

$$-\frac{\rho_w}{H}\int_0^H \nabla\left[\frac{KK_{rw}}{\mu_w}(\nabla p_w - \rho_w g \nabla D)\right]dz + \frac{1}{H}\int_0^H q dz = 0 \quad （3\text{-}23）$$

式中：K_{rw} —— 水相的相对渗透率。

式（3-22）中的第一项 $\dfrac{\rho_g}{H}\displaystyle\int_0^H S_g\left[\dfrac{\partial \varepsilon_v}{\partial t} + \dfrac{(1-\phi)}{\rho_s}\dfrac{\partial \rho_s}{\partial t}\right]dz$ 可简化为

$$\frac{\rho_g}{H}\int_0^H S_g\left[\frac{\partial \varepsilon_v}{\partial t} + \frac{(1-\phi)}{\rho_s}\frac{\partial \rho_s}{\partial t}\right]dz = \frac{\rho_g(1-S_{res}^w)}{H}\left[\frac{\partial \varepsilon_v}{\partial t} + \frac{(1-\phi)}{\rho_s}\frac{\partial \rho_s}{\partial t}\right] \quad （3\text{-}24）$$

式（3-22）中的第二项 $\dfrac{\phi\rho_{\mathrm{g}}}{H}\displaystyle\int_0^H \dfrac{\partial S_{\mathrm{g}}}{\partial t}\mathrm{d}z$ 可简化为

$$\frac{\phi\rho_{\mathrm{g}}}{H}\int_0^H \frac{\partial S_{\mathrm{g}}}{\partial t}\mathrm{d}z = \frac{\phi\rho_{\mathrm{g}}(1-S_{\mathrm{res}}^{\mathrm{w}})}{H}\frac{\partial h}{\partial t} \tag{3-25}$$

将式（3-24）和式（3-25）代入式（3-22）可得气相连续性方程为

$$\rho_{\mathrm{g}}(1-S_{\mathrm{res}}^{\mathrm{w}})\left[\frac{\partial \varepsilon_{\mathrm{v}}}{\partial t}+\frac{(1-\phi)}{\rho_{\mathrm{s}}}\frac{\partial \rho_{\mathrm{s}}}{\partial t}\right]+\phi\rho_{\mathrm{g}}(1-S_{\mathrm{res}}^{\mathrm{w}})\frac{\partial h}{\partial t}$$

$$-\rho_{\mathrm{g}}\int_0^H \nabla\left[\frac{KK_{\mathrm{rg}}}{\mu_{\mathrm{g}}}(\nabla p_{\mathrm{g}}-\rho_{\mathrm{g}}g\nabla D)\right]\mathrm{d}z+\int_0^H q\mathrm{d}z=0 \tag{3-26}$$

同理，式（3-23）中的第一项 $\dfrac{\rho_{\mathrm{w}}}{H}\displaystyle\int_0^H S_{\mathrm{w}}\left[\dfrac{\partial \varepsilon_{\mathrm{v}}}{\partial t}+\dfrac{(1-\phi)}{\rho_{\mathrm{s}}}\dfrac{\partial \rho_{\mathrm{s}}}{\partial t}\right]\mathrm{d}z$ 可简化为

$$\frac{\rho_{\mathrm{w}}}{H}\int_0^H S_{\mathrm{w}}\left[\frac{\partial \varepsilon_{\mathrm{v}}}{\partial t}+\frac{(1-\phi)}{\rho_{\mathrm{s}}}\frac{\partial \rho_{\mathrm{s}}}{\partial t}\right]\mathrm{d}z = \frac{\rho_{\mathrm{w}}S_{\mathrm{res}}^{\mathrm{w}}}{H}\left[\frac{\partial \varepsilon_{\mathrm{v}}}{\partial t}+\frac{(1-\phi)}{\rho_{\mathrm{s}}}\frac{\partial \rho_{\mathrm{s}}}{\partial t}\right] \tag{3-27}$$

式（3-23）中的第二项 $\dfrac{\phi\rho_{\mathrm{w}}}{H}\displaystyle\int_0^H \dfrac{\partial S_{\mathrm{w}}}{\partial t}\mathrm{d}z$ 可简化为

$$\frac{\phi\rho_{\mathrm{w}}}{H}\int_0^H \frac{\partial S_{\mathrm{w}}}{\partial t}\mathrm{d}z = \frac{\phi\rho_{\mathrm{w}}}{H}\left[S_{\mathrm{res}}^{\mathrm{w}}\frac{\partial h}{\partial t}+\frac{\partial(H-h)}{\partial t}\right] \tag{3-28}$$

将式（3-27）和式（3-28）代入式（3-23）可得水相连续性方程为

$$\rho_{\mathrm{w}}S_{\mathrm{res}}^{\mathrm{w}}\left[\frac{\partial \varepsilon_{\mathrm{v}}}{\partial t}+\frac{(1-\phi)}{\rho_{\mathrm{s}}}\frac{\partial \rho_{\mathrm{s}}}{\partial t}\right]+\phi\rho_{\mathrm{w}}\left[S_{\mathrm{res}}^{\mathrm{w}}\frac{\partial h}{\partial t}+\frac{\partial(H-h)}{\partial t}\right]$$

$$-\rho_{\mathrm{w}}\int_0^H \nabla\left[\frac{KK_{\mathrm{rw}}}{\mu_{\mathrm{w}}}(\nabla p_{\mathrm{w}}-\rho_{\mathrm{w}}g\nabla D)\right]\mathrm{d}z+\int_0^H q\mathrm{d}z=0 \tag{3-29}$$

式（3-9）、式（3-26）和式（3-29）即为水驱气藏型地下储气库气水两相动态运移数学模型。

3.1.3 边界条件

（1）初始条件

$$p\big|_{t=0}=p_i \tag{3-30}$$

$$S\big|_{t=0}=S_i \tag{3-31}$$

（2）外边界条件

$$\frac{\partial p}{\partial n} = 0 \qquad\qquad 封闭 \qquad\qquad (3\text{-}32)$$

$$p|_{\Omega} = p_{\mathrm{e}} \qquad\qquad 定压 \qquad\qquad (3\text{-}33)$$

（3）内边界条件

$$\left.\frac{\partial p}{\partial r}\right|_{井底} = c \qquad\qquad 定产 \qquad\qquad (3\text{-}34)$$

$$p|_{井底} = p_{\mathrm{wf}} \qquad\qquad 定压 \qquad\qquad (3\text{-}35)$$

式中：p_{wf} ——生产压力。

3.2　算例分析及结果讨论

为了得到地下储气库天然气沿储层的动态运移规律，本节根据所建模型以国内某拟建水驱衰竭气藏型地下储气库的单井注气过程为例进行研究。储层厚度为 20m，注采井控制半径为 500m，储层衰竭压力为 4.8MPa，储层渗透率 K=300mD，孔隙度 ϕ=0.2，注气速率为 $1\times10^{5}\mathrm{m^3/d}$，注气时间为 10d，相对渗透率曲线如图 3-3 所示，计算模型如图 3-4 所示。

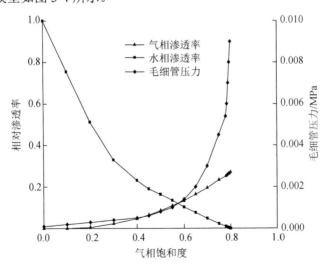

图 3-3　相对渗透率曲线

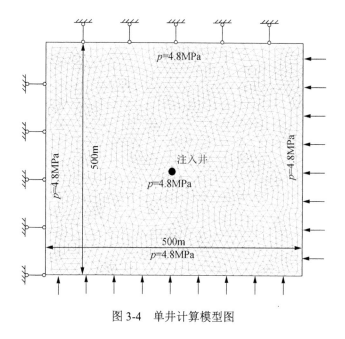

图 3-4　单井计算模型图

3.2.1　计算结果分析

注气 2d、10d 时，储层压力的三维分布图和正交切面分布图如图 3-5～图 3-8 所示。

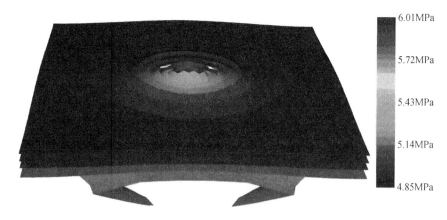

图 3-5　注气 2d 时储层压力的三维分布图

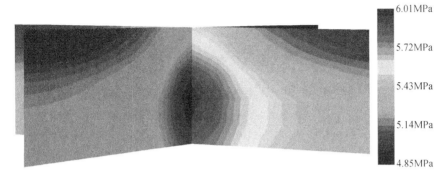

图 3-6　注气 2d 时储层压力的正交切面分布图

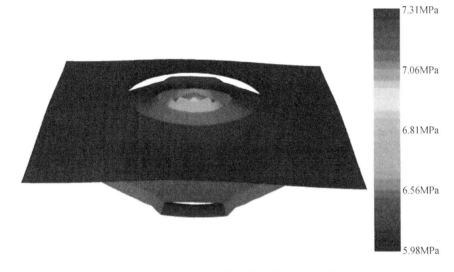

图 3-7　注气 10d 时储层压力的三维分布图

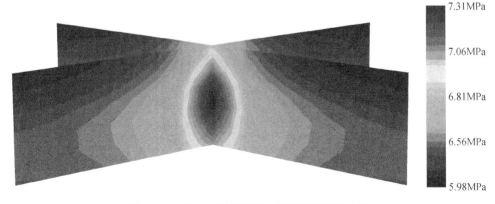

图 3-8　注气 10d 时储层压力的正交切面分布图

从图 3-9 中可以看出，本节模型与传统模型的计算结果具有较好的一致性。本节模型与传统模型计算的注气点地层压力最大误差为 7%左右，说明本节模型的计算结果具有较高的计算精度，同时该模型具有参数少、计算速度快和数值模拟易实现等优点。

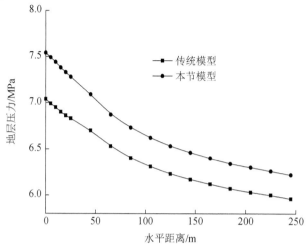

图 3-9　地层压力与水平距离的关系曲线

3.2.2　影响因素分析

为了得到天然气动态运移过程中储层厚度、储层渗透率、注入速率和孔隙度等参数对地层压力及含气饱和度的影响，本节利用所建立的模型分别对上述参数取不同值计算地层压力和含气饱和度与水平距离的变化规律。

（1）地层压力影响因素分析

图 3-10 所示为不同储层厚度（H）下地层压力与水平距离的关系曲线。从图 3-10 中可以看出，储层厚度越大，地层压力下降越缓慢，越有利于提高注气量。例如，当注气结束时，储层厚度从 5m 增加到 20m，地层最大压力从 10.58MPa 减小到 7.25MPa，降低了 31.47%。因此，在天然气地下储气库选址过程中储层厚度不宜太小，避免在开始注气时，储层厚度较薄造成严重的憋压现象，这对储层的密封性非常不利。

图 3-11 所示为不同储层渗透率（K）下地层压力与水平距离的关系曲线。从图 3-11 中可以看出，当目标注气量一定时，储层渗透率越大，储层的水力传导性越好，压力扩散速度越快，注气点压力越小。而渗透率较低的储层，气水重力分异作用得不到很好发挥，毛细管压力作用突出，同时压力传导性差，注气井附近压力下降较快。例如，当注气结束时，储层渗透率从 100mD 增加到 400mD，地层最大压力从 9.22MPa 减小到 6.96MPa，降低了 24.51%。为了防止盖层破坏造成

气体泄漏，在天然气地下储气库选址过程中储层渗透率不宜太小。

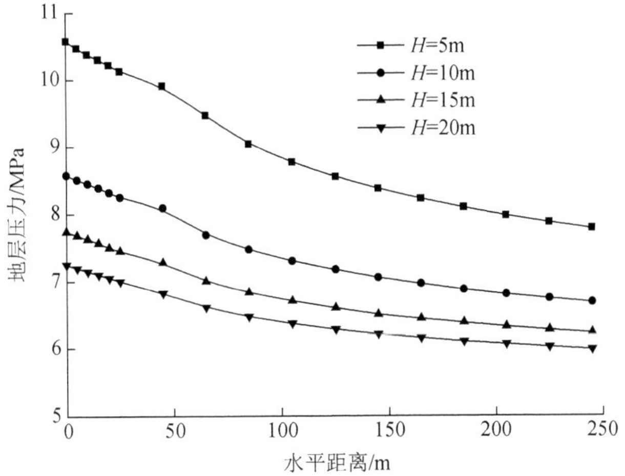

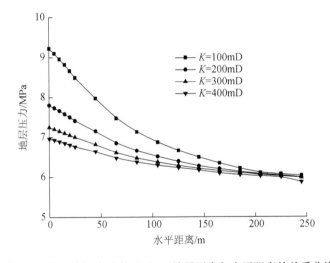

图 3-10　不同储层厚度（H）下地层压力与水平距离的关系曲线

图 3-11　不同储层渗透率（K）下地层压力与水平距离的关系曲线

图 3-12 所示为不同注气速率（Q）下地层压力与水平距离的关系曲线。从图 3-12 中可以看出，当目标注气量一定时，注气速率越大，注气点压力上升越快，易造成注气井附近储层憋压。例如，当注气结束时，注气速率从 $5 \times 10^4 \mathrm{m}^3/\mathrm{d}$ 增加到 $20 \times 10^4 \mathrm{m}^3/\mathrm{d}$，注气点地层最大压力从 6.33MPa 增加到 8.62MPa，增加了 36.18%。注气速率的快速增加对地下储气库密封性极其不利，同时气水重力分异作用也得不到较好发挥。

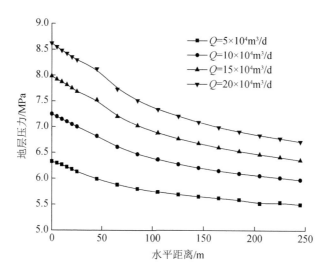

图 3-12 不同注气速率（Q）下地层压力与水平距离的关系曲线

图 3-13 所示为不同孔隙度（ϕ）下地层压力与水平距离的关系曲线。从图 3-13 中可以看出，当目标注气量一定时，孔隙度越大，地层压力越小，但减幅不大。例如，当注气结束时，孔隙度从 0.10 增加到 0.25，注气点最大压力从 7.77MPa 减小到 7.16MPa，减小了 7.85%。由此可以看出，在注气过程中，过大的储层孔隙度对地层压力的影响不大。

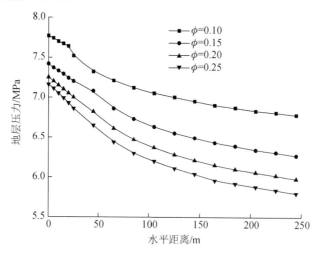

图 3-13 不同孔隙度（ϕ）下地层压力与水平距离的关系曲线

（2）含气饱和度影响因素分析

图 3-14 所示为不同储层厚度（H）下含气饱和度与水平距离的关系曲线。从图 3-14 中可以看出，当目标注气量一定时，储层厚度越大，含气饱和度越小，同

时气水过渡带宽度越小，越有利于储气库的建设。因为在厚度较小的储层中，气水重力分异作用不能得到很好的发挥，易造成气体沿着储层构造形成长长的气水两相过渡区。例如，当注气结束时，储层厚度从 5m 增加到 20m，含气饱和度最大值从 0.775 减小到 0.697，降低了 10.06%；同时气水过渡带宽度从 111m 减小到 76m，降低了 31.53%。

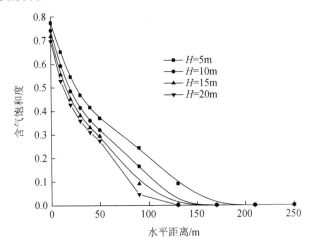

图 3-14　不同储层厚度（H）下含气饱和度与水平距离的关系曲线

图 3-15 所示为不同储层渗透率（K）下含气饱和度与水平距离的关系曲线。从图 3-15 中可以看出，当目标注气量一定时，储层渗透率越大，含气饱和度越大，但增幅不大。例如，当注气结束时，储层渗透率从 100mD 增加到 400mD，储层含气饱和度从 0.674 增加到 0.702，仅增加了 4.15%。

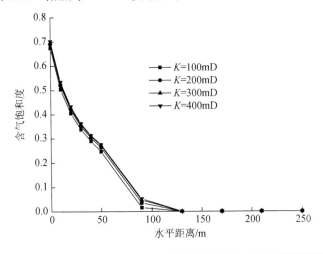

图 3-15　不同储层渗透率（K）下含气饱和度与水平距离的关系曲线

图 3-16 所示为不同注气速率（Q）下含气饱和度与水平距离的关系曲线。从图 3-16 中可以看出，当目标注气量一定时，注气速率越大，含气饱和度越大，气水过渡带宽度也越大。这是由于注气速率越高，气体越易于沿着大孔道突进，同时气水重力分异作用没有得到很好的发挥，从而气体在平面上的分布范围较大，两相过渡区较宽，驱替效果较差。例如，当注气结束时，注气速率从 $5×10^4m^3/d$ 增加到 $20×10^4m^3/d$，最大含气饱和度从 0.640 增加到 0.742，增加了 15.94%；同时气水过渡带宽度从 93m 增加到 145m，增加了 55.91%。

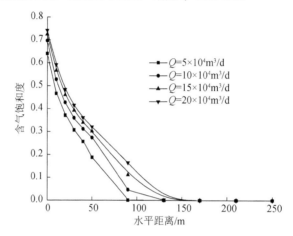

图 3-16 不同注气速率（Q）下含气饱和度与水平距离的关系曲线

图 3-17 所示为不同孔隙度（ϕ）下含气饱和度与水平距离的关系曲线。从图 3-16 中可以看出，当目标注气量一定时，孔隙度越大，含气饱和度和气水过渡带宽度越小。例如，当注气结束时，孔隙度从 0.10 增加到 0.25，最大含气饱和度从 0.751 减小到 0.676，减小了 9.99%；同时气水过渡带宽度从 138m 减小到 102m，减小了 26.09%。

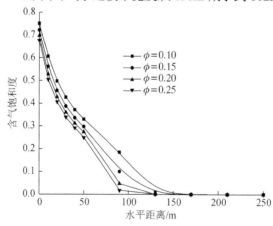

图 3-17 不同孔隙度（ϕ）下含气饱和度与水平距离的关系曲线

3.3　本 章 小 结

1）本章针对储层厚度与储层面积相比较小的特点，建立了衰竭油气藏型地下储气库天然气动态运移模型。本章利用该模型总结了国内某拟建地下储气库天然气动态运移过程中地层压力和含气饱和度随水平距离的变化规律，研究了储层厚度、储层渗透率、注气速率和孔隙度等参数对地层压力和含气饱和度的影响规律。

2）计算结果表明，本章模型与传统模型的计算结果具有较好的一致性。本章模型与传统模型计算的注气点地层压力最大误差为 7% 左右，说明本章模型的计算结果具有较高的计算精度，同时该模型具有参数少、计算速度快和数值模拟易实现等优点。地层压力随着储层厚度、储层渗透率和孔隙度的增加而呈非线性降低，随着注气速率的增加而呈非线性增加。含气饱和度随着储层厚度和孔隙度的增加而呈非线性降低，随着储层渗透率和注气速率的增加而呈非线性增加。

第4章　流固耦合作用下储层的含气饱和度分布规律研究

针对地下储气库天然气注采运移过程中较少考虑应力场与渗流场相互耦合作用的不足，本章基于多孔介质弹性力学和渗流力学理论，建立了地下储气库天然气注采运移的流固耦合数学模型。首先，通过对研究区块岩芯开展三轴试验和应力敏感性试验，得到储盖层的岩石力学参数和渗透率与有效应力的关系曲线；其次，在此基础上建立了地下储气库计算模型，并对地下储气库天然气注采运移开展数值模拟研究，对比了耦合渗流模型与传统渗流模型的计算精度；最后，重点讨论了储层渗透率、储层厚度、注入速率和排水量等参数对天然气动态运移规律的影响，为我国地下储气库的建造和安全运行提供技术支持和借鉴。

4.1　耦合模型的建立

4.1.1　耦合应力场方程

假设储层骨架变形遵循太沙基有效应力原理，该原理的数学形式表示见式（2-25）。

1. 应力平衡方程

如图 3-1 所示，在 $x = 0$ 的面上，应力有 σ_x、τ_{xy}、τ_{xz}，在 $x = \mathrm{d}x$ 的面上，应力有 $\sigma_x + \dfrac{\partial \sigma_x}{\partial x}\mathrm{d}x$、$\tau_{xy} + \dfrac{\partial \tau_{xy}}{\partial y}\mathrm{d}y$、$\tau_{xz} + \dfrac{\partial \tau_{xz}}{\partial z}\mathrm{d}z$。

则根据力的平衡有

$$\left(\sigma_x + \frac{\partial \sigma_x}{\partial x}\mathrm{d}x\right)\mathrm{d}y\mathrm{d}z - \sigma_x\mathrm{d}y\mathrm{d}z + \left(\tau_{xy} + \frac{\partial \tau_{xy}}{\partial y}\mathrm{d}y\right)\mathrm{d}z\mathrm{d}x - \tau_{xy}\mathrm{d}z\mathrm{d}x$$

$$+ \left(\tau_{xz} + \frac{\partial \tau_{xz}}{\partial z}\mathrm{d}z\right)\mathrm{d}x\mathrm{d}y - \tau_{xz}\mathrm{d}x\mathrm{d}y + F_x\mathrm{d}x\mathrm{d}y\mathrm{d}z = 0 \tag{4-1}$$

式（4-1）进一步化简得

$$\frac{\partial \sigma_x}{\partial x} + \frac{\partial \tau_{xy}}{\partial y} + \frac{\partial \tau_{xz}}{\partial z} + F_x = 0 \tag{4-2}$$

同理，可推导 y 和 x 方向的受力平衡方程如下所示：

$$\frac{\partial \sigma_y}{\partial y} + \frac{\partial \tau_{yz}}{\partial z} + \frac{\partial \tau_{yx}}{\partial x} + F_y = 0 \tag{4-3}$$

$$\frac{\partial \sigma_z}{\partial z} + \frac{\partial \tau_{zx}}{\partial x} + \frac{\partial \tau_{zy}}{\partial y} + F_z = 0 \tag{4-4}$$

式（4-2）～式（4-4）采用如下形式表示为

$$\sigma_{ij,j} + F_i = 0 \tag{4-5}$$

根据式（2-25）和式（4-5），考虑流体压力的应力场平衡方程可表示为

$$\sigma'_{ij,j} + (\alpha p \delta_{ij})_{,j} + F_i = 0 \tag{4-6}$$

2. 弹性本构方程

假设储层岩石为线弹性体，则各向同性材料的广义胡克定律可表示为

$$\begin{cases} \varepsilon_x = \frac{1}{E}[\sigma_x - v(\sigma_y + \sigma_z)] \\ \varepsilon_y = \frac{1}{E}[\sigma_y - v(\sigma_x + \sigma_z)] \\ \varepsilon_z = \frac{1}{E}[\sigma_z - v(\sigma_x + \sigma_y)] \end{cases} \tag{4-7}$$

$$\begin{cases} \gamma_{xy} = \frac{\tau_{xy}}{G} \\ \gamma_{yz} = \frac{\tau_{yz}}{G} \\ \gamma_{zx} = \frac{\tau_{zx}}{G} \end{cases} \tag{4-8}$$

$$\boldsymbol{\varepsilon} = \boldsymbol{B}\boldsymbol{\sigma} \tag{4-9}$$

其中，

$$\boldsymbol{B} = \frac{1}{E} \begin{bmatrix} 1 & -v & -v & 0 & 0 & 0 \\ & 1 & -v & 0 & 0 & 0 \\ & & 1 & 0 & 0 & 0 \\ & & & 2(1+v) & 0 & 0 \\ & & & & 2(1+v) & 0 \\ & & & & & 2(1+v) \end{bmatrix} \tag{4-10}$$

流固耦合作用下储层岩石的本构关系可表示为

$$\boldsymbol{\sigma} = \boldsymbol{D}\boldsymbol{\varepsilon} \tag{4-11}$$

其中，

$$\boldsymbol{D} = \frac{1}{E}\begin{bmatrix} 1-\nu & \nu & \nu & 0 & 0 & 0 \\ & 1-\nu & \nu & 0 & 0 & 0 \\ & & 1-\nu & 0 & 0 & 0 \\ & & & \dfrac{(1-2\nu)}{2} & 0 & 0 \\ & & & & \dfrac{(1-2\nu)}{2} & 0 \\ & & & & & \dfrac{(1-2\nu)}{2} \end{bmatrix} \quad （4\text{-}12）$$

平面应力为

$$\sigma_z = \tau_{yz} = \tau_{zx} = 0 \quad （4\text{-}13）$$

$$\begin{bmatrix} \sigma_x \\ \sigma_y \\ \tau_{xy} \end{bmatrix} = \frac{E}{1-\nu^2}\begin{bmatrix} 0 & \nu & 0 \\ \nu & 1 & 0 \\ 0 & 0 & \dfrac{(1-\nu)}{2} \end{bmatrix}\begin{bmatrix} \varepsilon_x \\ \varepsilon_y \\ \gamma_{xy} \end{bmatrix} \quad （4\text{-}14）$$

平面应变为

$$\varepsilon_z = \gamma_{yz} = \gamma_{zx} = 0 \quad （4\text{-}15）$$

$$\begin{bmatrix} \sigma_x \\ \sigma_y \\ \tau_{xy} \end{bmatrix} = \frac{E}{(1+\nu)(1-2\nu)}\begin{bmatrix} 1-\nu & \nu & 0 \\ \nu & 1-\nu & 0 \\ 0 & 0 & \dfrac{(1-2\nu)}{2} \end{bmatrix}\begin{bmatrix} \varepsilon_x \\ \varepsilon_y \\ \gamma_{xy} \end{bmatrix} \quad （4\text{-}16）$$

$$\tau_{yz} = \tau_{zx} = 0 \quad （4\text{-}17）$$

$$\sigma_z = \nu(\sigma_x + \sigma_y) \quad （4\text{-}18）$$

3. 弹塑性本构方程[66]

（1）屈服准则

复杂应力状态下，岩体内一点出现塑性变形时应力所应满足的条件称为屈服条件，岩土的屈服函数 F 采用应力不变量可表示为

$$F(I_1, J_2, J_3) = 0 \quad （4\text{-}19）$$

储层通常采用的屈服准则主要包括莫尔-库仑准则和德鲁克-普拉格准则。

1）莫尔-库仑准则。对于莫尔-库仑准则，当应力状态达到下述条件时，材料进入屈服状态，其表达如式（2-17）所示。则由有效应力第一不变量 I_1'、有效偏应力第二不变量 J_2' 和 Lode 应力角 θ_σ 所表示的莫尔-库仑准则为

$$F = \frac{1}{3}I_1' \sin\varphi + \left(\cos\theta_\sigma - \frac{1}{\sqrt{3}}\sin\theta_\sigma \sin\varphi\right)\sqrt{J_2'} - c\cos\varphi = 0 \tag{4-20}$$

2）德鲁克-普拉格准则。由于莫尔-库仑准则的屈服面为角锥面，其角点在数值计算中常引起不便。为得到近似于莫尔-库仑曲面的光滑屈服面，德鲁克和普拉格给出了修正的莫尔-库仑准则：

$$F = \beta I_1' + \sqrt{J_2'} - k_f \tag{4-21}$$

式中：I_1' ——有效应力第一不变量，$I_1' = \sigma_x' + \sigma_y' + \sigma_z'$；

J_2' ——有效偏应力第二不变量；

β、k_f ——参数，$\beta = \dfrac{\sin\varphi}{\sqrt{9 + 3\sin^2\varphi}}$，$k_f = \dfrac{3c\cos\varphi}{\sqrt{9 + \sin^2\varphi}}$。

（2）加载-卸载准则

对于理想弹塑性岩体，加载-卸载准则可表示为

$$\begin{cases} F(\sigma_{ij}) < 0 & \text{弹性状态} \\ F(\sigma_{ij}) = 0, \quad \mathrm{d}F = \dfrac{\partial F}{\partial \sigma_{ij}}\mathrm{d}\sigma_{ij} = 0 & \text{加载} \\ F(\sigma_{ij}) = 0, \quad \mathrm{d}F = \dfrac{\partial F}{\partial \sigma_{ij}}\mathrm{d}\sigma_{ij} < 0 & \text{卸载} \end{cases} \tag{4-22}$$

对于强化材料，加载-卸载准则可表示为

$$\begin{cases} F(\sigma_{ij}) = 0, \quad \mathrm{d}F = \dfrac{\partial F}{\partial \sigma_{ij}}\mathrm{d}\sigma_{ij} > 0 & \text{加载} \\ F(\sigma_{ij}) = 0, \quad \mathrm{d}F = \dfrac{\partial F}{\partial \sigma_{ij}}\mathrm{d}\sigma_{ij} = 0 & \text{中性加载} \\ F(\sigma_{ij}) = 0, \quad \mathrm{d}F = \dfrac{\partial F}{\partial \sigma_{ij}}\mathrm{d}\sigma_{ij} < 0 & \text{卸载} \end{cases} \tag{4-23}$$

（3）增量形式的应力应变关系

对于油藏岩土的弹塑性问题，通常采用分段线性化处理方法，在每一增量步内总应变可表示为

$$\mathrm{d}\varepsilon = \mathrm{d}\varepsilon^e + \mathrm{d}\varepsilon^p \tag{4-24}$$

式中：$\mathrm{d}\varepsilon$ ——总应变增量；

$\mathrm{d}\varepsilon^e$ ——弹性应变增量；

$\mathrm{d}\varepsilon^p$ ——塑性应变增量。

对于弹性应变增量 $\mathrm{d}\varepsilon^e$，由广义胡克定律可知：

$$\mathrm{d}\sigma = \boldsymbol{D}_\mathrm{e}\mathrm{d}\varepsilon^\mathrm{e} \tag{4-25}$$

式中：$\boldsymbol{D}_\mathrm{e}$——弹性矩阵。

即

$$\mathrm{d}\varepsilon^\mathrm{e} = \boldsymbol{D}_\mathrm{e}^{-1}\{\mathrm{d}\sigma\} \tag{4-26}$$

由流动规则可知，塑性应变增量为

$$\mathrm{d}\varepsilon^\mathrm{p} = \mathrm{d}\lambda\left[\frac{\partial Q}{\partial \sigma}\right] \tag{4-27}$$

将式（4-26）和式（4-27）代入方程（4-24），则应变增量为

$$\mathrm{d}\varepsilon = \boldsymbol{D}_\mathrm{e}^{-1}\mathrm{d}\sigma + \mathrm{d}\lambda\left[\frac{\partial Q}{\partial \sigma}\right] \tag{4-28}$$

由塑性力学可知，塑性因子为

$$\mathrm{d}\lambda = \frac{\left[\dfrac{\partial \phi}{\partial \sigma}\right]^\mathrm{T}\mathrm{d}\sigma}{A} \tag{4-29}$$

式中：A——硬化模量。

将式（4-28）左右两边同乘$\left[\dfrac{\partial \phi}{\partial \sigma}\right]^\mathrm{T}\boldsymbol{D}_\mathrm{e}$，并根据式（4-29）可整理得

$$\left[\frac{\partial \phi}{\partial \sigma}\right]^\mathrm{T}\boldsymbol{D}_\mathrm{e}\mathrm{d}\varepsilon - \left[\frac{\partial \phi}{\partial \sigma}\right]^\mathrm{T}\boldsymbol{D}_\mathrm{e}\left[\frac{\partial Q}{\partial \sigma}\right]\mathrm{d}\lambda - A\mathrm{d}\lambda = 0 \tag{4-30}$$

则

$$\mathrm{d}\lambda = \frac{\left[\dfrac{\partial \phi}{\partial \sigma}\right]^\mathrm{T}\boldsymbol{D}_\mathrm{e}\mathrm{d}\varepsilon}{A + \left[\dfrac{\partial \phi}{\partial \sigma}\right]^\mathrm{T}\boldsymbol{D}_\mathrm{e}\left[\dfrac{\partial Q}{\partial \sigma}\right]} \tag{4-31}$$

将式（4-31）代入式（4-28），整理得弹塑性本构模型的表达式为

$$\mathrm{d}\sigma = \boldsymbol{D}_\mathrm{e}\mathrm{d}\varepsilon - \boldsymbol{D}_\mathrm{e}\left[\frac{\partial Q}{\partial \sigma}\right]\frac{\left[\dfrac{\partial \phi}{\partial \sigma}\right]^\mathrm{T}\boldsymbol{D}_\mathrm{e}\mathrm{d}\varepsilon}{A + \left[\dfrac{\partial \phi}{\partial \sigma}\right]^\mathrm{T}\boldsymbol{D}_\mathrm{e}\left[\dfrac{\partial Q}{\partial \sigma}\right]} \tag{4-32}$$

将式（2-25）、式（4-11）和式（4-12）代入式（4-6）得

$$\begin{cases} \dfrac{G}{1-2\nu}\left[\dfrac{\partial^2 u}{\partial x^2}+\dfrac{\partial^2 v}{\partial x\partial y}+\dfrac{\partial^2 w}{\partial x\partial z}\right]+G\nabla^2 u-\alpha\dfrac{\partial p}{\partial x}+F_x=0 \\[2mm] \dfrac{G}{1-2\nu}\left[\dfrac{\partial^2 u}{\partial y\partial x}+\dfrac{\partial^2 v}{\partial y^2}+\dfrac{\partial^2 w}{\partial y\partial z}\right]+G\nabla^2 v-\alpha\dfrac{\partial p}{\partial y}+F_y=0 \\[2mm] \dfrac{G}{1-2\nu}\left[\dfrac{\partial^2 u}{\partial z\partial x}+\dfrac{\partial^2 v}{\partial z\partial y}+\dfrac{\partial^2 w}{\partial z^2}\right]+G\nabla^2 w-\alpha\dfrac{\partial p}{\partial z}+F_z=0 \end{cases} \qquad (4\text{-}33)$$

4.1.2　耦合渗流控制方程

假设气水两相渗流为等温过程，建立如图 3-2 所示的微元体。根据质量守恒原理，在各方向上单位时间内流入微元体的质量减去流出的质量，再加上质量源的生成量应等于单位时间内微元体的质量变化量，即

$$\begin{aligned} \frac{\partial(\phi\rho_\alpha S_\alpha)}{\partial t}\mathrm{d}x\mathrm{d}y\mathrm{d}z =&\left\{\rho_\alpha v_x-\left[\rho_\alpha v_x+\frac{\partial(\rho_\alpha v_x)}{\partial x}\mathrm{d}x\right]\right\}\mathrm{d}y\mathrm{d}z \\ &+\left\{\rho_\alpha v_y-\left[\rho_\alpha v_y+\frac{\partial(\rho_\alpha v_y)}{\partial y}\mathrm{d}y\right]\right\}\mathrm{d}x\mathrm{d}z \\ &+\left\{\rho_\alpha v_z-\left[\rho_\alpha v_z+\frac{\partial(\rho_\alpha v_z)}{\partial z}\mathrm{d}z\right]\right\}\mathrm{d}x\mathrm{d}y+q\mathrm{d}x\mathrm{d}y\mathrm{d}z \end{aligned} \qquad (4\text{-}34)$$

整理可得，地下储气库中流体动态运移的连续性方程为

$$\frac{\partial(\phi\rho_\alpha S_g)}{\partial t}=-\left[\frac{\partial(\rho_\alpha v_x)}{\partial x}+\frac{\partial(\rho_\alpha v_y)}{\partial y}+\frac{\partial(\rho_\alpha v_z)}{\partial z}\right]+q \qquad (4\text{-}35)$$

式（4-35）可进一步简化为

$$\frac{\partial(\phi\rho_\alpha S_\alpha)}{\partial t}+\nabla(\rho_\alpha v_\alpha)=q \qquad (4\text{-}36)$$

同理可由质量守恒原理推导得固体骨架连续性方程为

$$\frac{\partial\rho_s'}{\partial t}+\nabla(\rho_s' V_s)=0 \qquad (4\text{-}37)$$

式中：ρ_s'——固体骨架密度；

　　　V_s——固体骨架的绝对速度。

假设岩石颗粒密度为 ρ_s，则有

$$\rho_s'=\rho_s(1-\phi) \qquad (4\text{-}38)$$

式中：ϕ——孔隙度。

将式（4-38）代入式（4-37）整理得

$$\frac{\partial}{\partial t}\left[\rho_s(1-\phi)\right] + \nabla\left[\rho_s(1-\phi)V_s\right] = 0 \qquad (4\text{-}39)$$

进一步整理式（4-39），可得

$$\rho_s\frac{\partial(1-\phi)}{\partial t} + (1-\phi)\frac{\partial\rho_s}{\partial t} + \rho_s(1-\phi)\nabla V_s + \nabla\left[\rho_s(1-\phi)\right]V_s = 0 \qquad (4\text{-}40)$$

假设储层岩体为各向同性材料，则 $\nabla\left[\rho_s(1-\phi)\right]V_s$ 和 $(1-\phi)\frac{\partial\rho_s}{\partial t}$ 可忽略，因此式（4-40）可表示为

$$\rho_s\frac{\partial(1-\phi)}{\partial t} + \rho_s(1-\phi)\nabla V_s = 0 \qquad (4\text{-}41)$$

因此

$$\nabla V_s = \nabla\frac{\partial U}{\partial t} = \frac{\partial}{\partial t}(\nabla U) = \frac{\partial \varepsilon_v}{\partial t} \qquad (4\text{-}42)$$

式中：U——位移；

ε_v——体积应变。

将式（4-41）代入式（4-42）整理可得骨架连续性方程为

$$\frac{\partial(1-\phi)}{\partial t} + (1-\phi)\frac{\partial \varepsilon_v}{\partial t} = 0 \qquad (4\text{-}43)$$

同理，由质量守恒原理可得气相和水相渗流连续性方程如下。

1）气相连续性方程为

$$-\nabla\left(S_g\phi\rho_g V_g\right) - q_g = \frac{\partial}{\partial t}(\phi\rho_g S_g) \qquad (4\text{-}44)$$

2）水相连续性方程为

$$-\nabla\left(S_w\rho_w V_w\right) - q_w = \frac{\partial}{\partial t}(\phi\rho_w S_w) \qquad (4\text{-}45)$$

由流体渗流运动方程可知：

$$V_s = V_g - V_r \qquad (4\text{-}46)$$

式中：V_g——气相绝对速度；

V_r——气相相对于固体骨架的速度。

由达西渗流方程可知流体速度为

$$V_\alpha = -\frac{KK_{r\alpha}}{\mu_\alpha}(\nabla p_\alpha - \rho_\alpha g\nabla D) \qquad (4\text{-}47)$$

根据式（4-42）～式（4-46）可得

$$\nabla\left[\frac{\rho_g K K_{rg}}{\mu_g}(\nabla p_g - \rho_g g \nabla D)\right] + q_g = \frac{\partial}{\partial t}(\rho_g S_g \phi) + \rho_g S_g\left(\frac{\partial \varepsilon_v}{\partial t} + \frac{(1-\phi)}{\rho_s}\frac{\partial \rho_s}{\partial t}\right) \quad (4\text{-}48)$$

$$\nabla\left[\frac{\rho_w K K_{rw}}{\mu_w}(\nabla p_w - \rho_w g \nabla D)\right] + q_w = \frac{\partial}{\partial t}(\rho_w S_w \phi) + \rho_w S_w\left(\frac{\partial \varepsilon_v}{\partial t} + \frac{(1-\phi)}{\rho_s}\frac{\partial \rho_s}{\partial t}\right) \quad (4\text{-}49)$$

式中：S_g、S_w ——水、气相的饱和度；

　　　K_{rg}、K_{rw} ——气、水相的相对渗透率；

　　　μ_g、μ_w ——水、气相的黏度；

　　　ϕ ——储层孔隙度；

　　　q_g、q_w ——源项；

　　　ε_v ——体积应变，$\varepsilon_v = \dfrac{\partial u}{\partial x} + \dfrac{\partial v}{\partial y} + \dfrac{\partial w}{\partial z}$。

其中，

$$\nabla V = \nabla\left(\frac{\partial U}{\partial t}\right) = \frac{\partial}{\partial t}\left(\frac{\partial u}{\partial x} + \frac{\partial v}{\partial y} + \frac{\partial w}{\partial z}\right) = \frac{\partial \varepsilon_v}{\partial t}$$

式（4-48）和式（4-49）即为流固耦合渗流控制方程。辅助方程如下。

1）毛管压力方程为

$$p_c = p_g - p_w \quad (4\text{-}50)$$

式中：p_c ——毛细管压力；

　　　p_g ——气相压力；

　　　p_w ——水相压力。

2）渗透率方程为[67]

$$\frac{K}{K_0} = \frac{1}{1+\varepsilon_v}\left(1 + \frac{\varepsilon_v}{\phi_0}\right)^3 \quad (4\text{-}51)$$

式中：K_0 ——初始渗透率；

　　　ϕ_0 ——初始孔隙度。

以上方程构成了地下储气库天然气注采运移的流固耦合数学模型，方程组封闭，加上边界和初始条件即可求定解。

在非均匀网格条件下，采用块中心差分格式，进行空间差分，右端项分别进行时间差分，经化简得到气、水两相流运移规律的数值模型为

$$\Delta T_g \Delta \Phi_g + V_{i,j,k} q_{mi,j,k} - V_{i,j,k} q_{gi,j,k} = \frac{V_{i,j,k}}{\Delta t}\left[(\rho_g S_g \phi)_{i,j,k}^{n+1} - (\rho_g S_g \phi)_{i,j,k}^n\right]$$

$$+ \frac{V_{i,j,k}}{\Delta t}\left[(\rho_g S_g \varepsilon_v)_{i,j,k}^{n+1} - (\rho_g S_g \varepsilon_v)_{i,j,k}^n\right]$$

$$+ \frac{(1-\phi)}{\rho_s}\frac{V_{i,j,k}}{\Delta t}\left[(\rho_g S_g \rho_s)_{i,j,k}^{n+1} - (\rho_g S_g \rho_s)_{i,j,k}^n\right] \quad (4\text{-}52)$$

$$\Delta T_{\mathrm{w}}\Delta \Phi_{\mathrm{w}} - V_{i,j,k}q_{\mathrm{w}i,j,k} = \frac{V_{i,j,k}}{\Delta t}\Big[(\rho_{\mathrm{w}}S_{\mathrm{w}}\phi)_{i,j,k}^{n+1} - (\rho_{\mathrm{w}}S_{\mathrm{w}}\phi)_{i,j,k}^{n} \Big]$$

$$+ \frac{V_{i,j,k}}{\Delta t}\Big[(\rho_{\mathrm{w}}S_{\mathrm{w}}\varepsilon_{\mathrm{v}})_{i,j,k}^{n+1} - (\rho_{\mathrm{w}}S_{\mathrm{w}}\varepsilon_{\mathrm{v}})_{i,j,k}^{n} \Big]$$

$$+ \frac{(1-\phi)}{\rho_{\mathrm{s}}}\frac{V_{i,j,k}}{\Delta t}\Big[(\rho_{\mathrm{w}}S_{\mathrm{w}}\rho_{\mathrm{s}})_{i,j,k}^{n+1} - (\rho_{\mathrm{w}}S_{\mathrm{w}}\rho_{\mathrm{s}})_{i,j,k}^{n} \Big] \qquad (4\text{-}53)$$

本节利用全隐式方法对差分方程组左端的达西项、解吸–扩散项和井的产量项均做隐式处理，可得全隐式非线性差分方程组为

$$\Delta T_{\mathrm{g}}^{n+1}\Delta \Phi_{\mathrm{g}}^{n+1} + V_{i,j,k}q_{\mathrm{m}i,j,k}^{n+1} - V_{i,j,k}q_{\mathrm{g}i,j,k}^{n+1} = \frac{V_{i,j,k}}{\Delta t}\Big[(\rho_{\mathrm{g}}S_{\mathrm{g}}\phi)_{i,j,k}^{n+1} - (\rho_{\mathrm{g}}S_{\mathrm{g}}\phi)_{i,j,k}^{n} \Big]$$

$$+ \frac{V_{i,j,k}}{\Delta t}\Big[(\rho_{\mathrm{g}}S_{\mathrm{g}}\varepsilon_{\mathrm{v}})_{i,j,k}^{n+1} - (\rho_{\mathrm{g}}S_{\mathrm{g}}\varepsilon_{\mathrm{v}})_{i,j,k}^{n} \Big]$$

$$+ \frac{(1-\phi)}{\rho_{\mathrm{s}}}\frac{V_{i,j,k}}{\Delta t}\Big[(\rho_{\mathrm{g}}S_{\mathrm{g}}\rho_{\mathrm{s}})_{i,j,k}^{n+1} - (\rho_{\mathrm{g}}S_{\mathrm{g}}\rho_{\mathrm{s}})_{i,j,k}^{n} \Big]$$

$$\qquad (4\text{-}54)$$

$$\Delta T_{\mathrm{w}}^{n+1}\Delta \Phi_{\mathrm{w}}^{n+1} - V_{i,j,k}q_{\mathrm{w}i,j,k}^{n+1} = \frac{V_{i,j,k}}{\Delta t}\Big[(\rho_{\mathrm{w}}S_{\mathrm{w}}\phi)_{i,j,k}^{n+1} - (\rho_{\mathrm{w}}S_{\mathrm{w}}\phi)_{i,j,k}^{n} \Big]$$

$$+ \frac{V_{i,j,k}}{\Delta t}\Big[(\rho_{\mathrm{w}}S_{\mathrm{w}}\varepsilon_{\mathrm{v}})_{i,j,k}^{n+1} - (\rho_{\mathrm{w}}S_{\mathrm{w}}\varepsilon_{\mathrm{v}})_{i,j,k}^{n} \Big]$$

$$+ \frac{(1-\phi)}{\rho_{\mathrm{s}}}\frac{V_{i,j,k}}{\Delta t}\Big[(\rho_{\mathrm{g}}S_{\mathrm{g}}\rho_{\mathrm{s}})_{i,j,k}^{n+1} - (\rho_{\mathrm{g}}S_{\mathrm{g}}\rho_{\mathrm{s}})_{i,j,k}^{n} \Big] \qquad (4\text{-}55)$$

对式（4-54）和式（4-55）进行全隐式线性化展开、化简，最终得到全隐式线性差分方程组：

$$\Delta T_{\mathrm{g}}^{k}\Delta \Phi_{\mathrm{g}}^{k} + \Delta T_{\mathrm{g}}^{k}\Delta \overline{\delta}\, p_{\mathrm{g}} + \Delta \frac{\partial T_{\mathrm{g}}}{\partial p_{\mathrm{g}}}\overline{\delta}\, p_{\mathrm{g}}\Delta \Phi_{\mathrm{g}}^{k} + \Delta \frac{\partial T_{\mathrm{g}}}{\partial S_{\mathrm{w}}}\overline{\delta}\, S_{\mathrm{w}}\Delta \Phi_{\mathrm{g}}^{k}$$

$$= b_{\mathrm{g}1}\overline{\delta}\, p_{\mathrm{g}} + b_{\mathrm{g}2}\overline{\delta}\, S_{\mathrm{w}} + b_{\mathrm{g}0} \qquad (4\text{-}56)$$

$$\Delta T_{\mathrm{w}}^{k}\Delta \Phi_{\mathrm{w}}^{k} + \Delta T_{\mathrm{w}}^{k}\Delta \overline{\delta}\, p_{\mathrm{g}} - \Delta T_{\mathrm{w}}^{k}\Delta \frac{\partial p_{\mathrm{cgw}}}{\partial S_{\mathrm{w}}}\overline{\delta}\, S_{\mathrm{w}} + \Delta \frac{\partial T_{\mathrm{w}}}{\partial p_{\mathrm{g}}}\overline{\delta}\, p_{\mathrm{g}}\Delta \Phi_{\mathrm{w}}^{k} + \Delta \frac{\partial T_{\mathrm{w}}}{\partial S_{\mathrm{w}}}\overline{\delta}\, S_{\mathrm{w}}\Delta \Phi_{\mathrm{w}}^{k}$$

$$= b_{\mathrm{w}1}\overline{\delta}\, p_{\mathrm{g}} + b_{\mathrm{w}2}\overline{\delta}\, S_{\mathrm{w}} + b_{\mathrm{w}0} \qquad (4\text{-}57)$$

式中：p_{cgw} ——毛细管压力；

$\Delta T_{\mathrm{g}}^{k}$ ——传导系数微分算子；

$\Delta \Phi_{\mathrm{g}}^{k}$ ——孔隙度微分算子；

$b_{\mathrm{w}0}$、$b_{\mathrm{w}1}$、$b_{\mathrm{w}2}$ ——中间变量系数；

$\bar{\delta}$——气相压力变化量。

为防止系数矩阵出现病态，收敛速度缓慢，本节采用雅克比迭代预处理方法对系数矩阵进行预处理，达到改善病态矩阵，加快收敛速度，提高收敛精度的目的。

4.1.3　边界条件

（1）初始条件

初始条件为

$$p\big|_{t=0} = p_i \qquad\qquad\qquad (4\text{-}58)$$

$$S\big|_{t=0} = S_i \qquad\qquad\qquad (4\text{-}59)$$

（2）边界条件

边界条件包括外边界条件和内边界条件。

1）外边界条件为

$$\frac{\partial p}{\partial n} = 0 \qquad\qquad 封闭 \qquad\qquad (4\text{-}60)$$

$$p\big|_{\Omega} = p_e \qquad\qquad 定压 \qquad\qquad (4\text{-}61)$$

2）内边界条件为

$$\frac{\partial p}{\partial r}\bigg|_{井底} = c \qquad\qquad 定产 \qquad\qquad (4\text{-}62)$$

$$p\big|_{井底} = p_{wf} \qquad\qquad 定压 \qquad\qquad (4\text{-}63)$$

4.2　算例分析及结果讨论

为了验证模型的正确性，本节以国内拟建地下储气库注采气过程为例进行研究。地下储气库为理想封闭边界条件，储气库的尺寸为 2000m×2000m×10m，储气库中心为注气井，注采气速率分别为 $5\times10^4\text{m}^3/\text{d}$ 和 $1\times10^5\text{m}^3/\text{d}$，注气时间为 200d，采气 100d，关井 30d。储气库边界上设 8 口排水井，排水井的排水量为 50m³/d，初始地层压力为 10MPa，绝对渗透率 K=300mD，孔隙度 ϕ=0.2，残余水饱和度为 0.2。为了测定拟建区块岩石的弹性模量、泊松比及应力敏感性，进行了室内岩石力学及应力敏感性试验，岩芯尺寸：直径 25mm、高度 50mm。试验仪器如图 4-1 和图 4-2 所示，岩芯的应力-应变曲线如图 4-3 和图 4-4 所示，试验结果见表 4-1，应力敏感性试验曲线如图 4-5 和图 4-6 所示。储层物性参数见表 4-2，计算结果如图 4-7 所示。

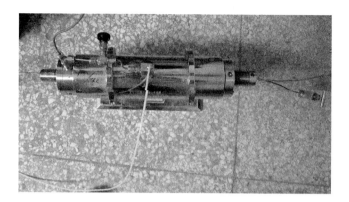

图 4-1　三轴岩芯夹持器

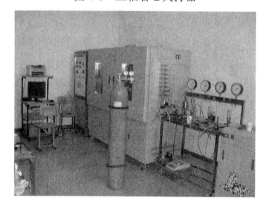

图 4-2　岩芯渗透率试验仪

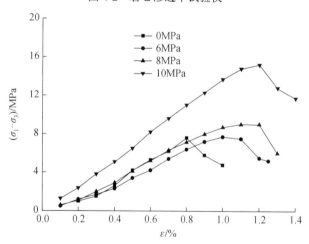

图 4-3　C-1 岩芯应力-应变曲线

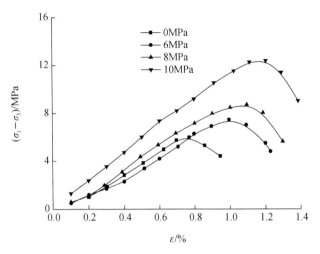

图 4-4　G-1 岩芯应力-应变曲线

表 4-1　研究区块三轴压缩试验结果

研究区块	试件编号	围压/MPa	试验结果	
			弹性模量/GPa	泊松比
储层	C-1	0	25.10	0.203
	C-2	7	32.80	0.212
	C-3	14	29.50	0.235
	C-4	21	31.50	0.218
盖层	G-1	0	34.35	0.185
	G-2	7	37.65	0.202
	G-3	14	42.15	0.211
	G-4	21	40.20	0.207

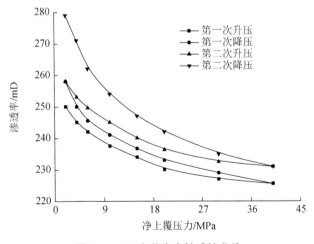

图 4-5　C-1 岩芯应力敏感性曲线

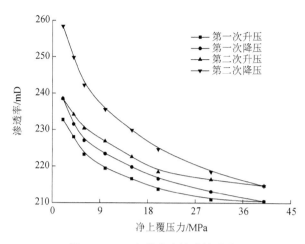

图 4-6　G-1 岩芯应力敏感性曲线

表 4-2　储层物性参数

参数值	含水层	盖层
渗透率/mD	300	1
孔隙度	0.2	0.01
岩石颗粒密度/（kg/m³）	2300	2200
弹性模量/GPa	29.7	38.5
泊松比	0.23	0.21

图 4-7 为耦合渗流模型与传统渗流模型计算结果对比曲线。从图 4-7 中可以看出，考虑耦合作用下的地下储气库注气末地层压力比不考虑耦合作用下的地层压力高 1.04MPa，这是由于地下储气库在实际注采运行过程中，天然气的强注强采使储层介质发生不完全可逆变形，对储层渗透率和孔隙度造成不可恢复的破坏。

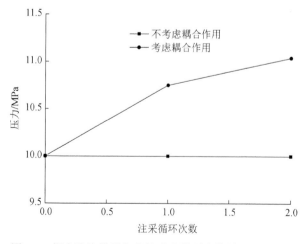

图 4-7　耦合渗流模型与传统渗流模型计算结果对比曲线

为了得到储层渗透率、储层厚度、注气速率和排水量等参数对含水层地下储气库天然气动态运移规律的影响，本节利用模型分别对上述参数取不同值计算天然气在注采过程中含气饱和度与水平距离的变化规律。

图 4-8 为不同渗透率（K）下含气饱和度与水平距离的关系曲线。从图 4-8 中可以看出，在累计注气量一定的情况下，含气饱和度随着渗透率增大而增大，例如，在水平距离为 20m 时，渗透率从 50mD 增加到 500mD，含气饱和度从 0.47 增加到 0.53，增加了 12.76%。这是由于储层渗透性越好，气、水重力分异作用越能够得到充分发挥的缘故。

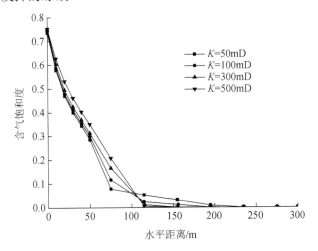

图 4-8　不同渗透率（K）下含气饱和度与水平距离的关系曲线

图 4-9 为不同储层厚度（H）下含气饱和度与水平距离的关系曲线。从图 4-9 中可以看出，在累计注气量一定的情况下，含气饱和度随着储层厚度的增大而减小。例如，当水平距离为 20m 时，储层厚度从 5m 增加到 20m，含气饱和度从 0.57 减小到 0.43，减小了 24.56%。尽管储层的含气饱和度有所降低，但此时储层气水过渡带宽度随着储层厚度的增加而大大减小。例如，储层厚度从 5m 增加到 20m，气水过渡带宽度从 132.5m 减小到 62.7m，减小了 52.68%。储层厚度较薄，易造成严重的憋压现象，对储层的密封性较为不利。

图 4-10 为不同注气速率（Q）下含气饱和度与水平距离的关系曲线。从图 4-10 中可以看出，在累计注气量一定的情况下，含气饱和度随着渗透率增大而增大。例如，在水平距离为 20m 时，注气速率从 $0.5 \times 10^5 \text{m}^3/\text{d}$ 增加到 $4 \times 10^5 \text{m}^3/\text{d}$，含气饱和度从 0.49 增加到 0.72，增加了 46.94%。

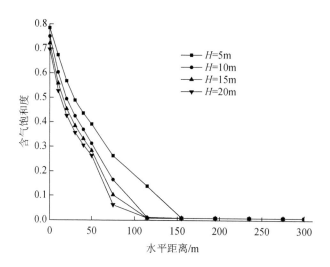

图 4-9　不同储层厚度（H）下含气饱和度与水平距离的关系曲线

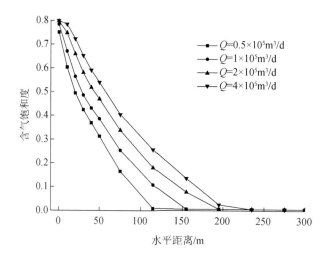

图 4-10　不同注气速率（Q）下含气饱和度与水平距离的关系曲线

图 4-11 为不同排水量（Q_u）下含气饱和度与水平距离的关系曲线。从图 4-11 中可以看出，在累计注气量一定的情况下，含气饱和度随着排水量的增加变化不明显。

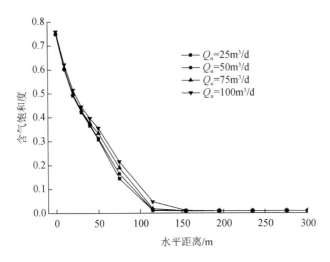

图 4-11　不同排水量（Q_u）下含气饱和度与水平距离的关系曲线

4.3　本 章 小 结

1）基于多孔介质弹性力学和渗流力学理论，本章建立了地下储气库天然气注采运移的流固耦合模型。首先，通过研究区岩芯开展三轴试验和应力敏感性试验，得到储盖层的岩石力学参数和渗透率与有效应力的关系曲线；其次，此基础上对地下储气库天然气注采运移开展数值模拟研究，对比了流固耦合模型与传统渗流模型的计算精度；最后，重点讨论了储层渗透率、储层厚度、注气速率和排水量等参数对天然气运移规律的影响。

2）计算结果表明，本章建立的流固耦合模型与传统渗流模型的计算结果具有较好的一致性，考虑流固耦合作用比不考虑耦合作用下的储层压力增加 1.04MPa。含气饱和度随着储层渗透率和注气速率的增加而呈非线性增加，随着储层厚度的增加而呈非线性减小，随着排水量的增加变化不明显。

第5章 地下储气库多组分气体动态运移的数值模拟研究

地下储气库主要以天然气作为垫层气，垫层气量少则占储气量的 15%，多则占 75%，垫层气在地下储气库的初期投资与运营费用中占第一位，它沉积的大量资金成为"死"资金而不能创造出更大的经济效益。采用价格低廉的惰性气体作为垫层气已成为国内外降低地下储气库运行和维持成本的最主要的发展方向[25]。

而在地下储气库的实际注采运行过程中，天然气的强注强采使储层压力发生周期性波动，压力的周期性升降造成储层介质发生不完全可逆变形，对储层渗透率和孔隙度造成不可恢复的伤害，因此不能忽略储层介质变形对地下储气库注采运行的影响。因此，本节考虑注采交变载荷作用下地下储气库储层的弹塑性变形特性，建立了天然气地下储气库多组分气体动态运移的流固耦合数学模型。基于该模型计算了某拟建衰竭气藏型地下储气库注采动态运行过程中回采气中氮气含量随时间的变化规律，在此基础上研究了惰性气体作为垫层气，其替代比、储层渗透率、孔隙度等参数对回采气中氮气含量的影响，为惰性气体作为垫层气的可行性进行了有益的尝试。

5.1 多组分气体运移模型

5.1.1 应力场控制方程

将储层岩土视为弹塑性介质，根据弹塑性力学理论可得到储层变形场方程。

1. 平衡方程

储层岩体是一种多孔介质，它所承受的总应力一部分由多孔介质内的流体所承受，另一部分由岩体骨架所承受。岩体的变形和强度特性取决于总应力与孔隙压力的差值。为解决饱和多孔介质的变形问题，太沙基提出了有效应力原理，见式（2-25）。

弹塑性应力平衡方程用张量形式可表示为

$$\boldsymbol{\sigma}_{ij,j} + \boldsymbol{F}_i = \boldsymbol{0} \tag{5-1}$$

将式（2-25）代入式（5-1），整理可得用有效应力表示的平衡方程，即式（2-26）。

2. 几何方程

根据变形连续性条件可得几何方程为

$$\varepsilon_{ij} = \frac{1}{2}(u_{i,j} + u_{j,i})$$ （5-2）

式中：ε_{ij}——应变张量；

　　　$u_{i,j}$、$u_{j,i}$——位移分量。

3. 弹塑性本构方程[66]

（1）屈服准则

复杂应力状态下，岩体内一点出现塑性变形时应力所应满足的条件称为屈服条件，岩土的屈服函数 F 采用应力不变量可表示为

$$F(I_1, J_2, J_3) = 0$$ （5-3）

储层通常采用的屈服准则主要包括莫尔-库仑准则和德鲁克-普拉格准则。

1）莫尔-库仑准则。对于莫尔-库仑准则，当应力状态达到下述条件时，材料进入屈服状态，见式（2-17）。则由有效应力第一不变量 I_1'、有效偏应力第二不变量 J_2' 和 Lode 应力角 θ_σ 所表示的莫尔-库仑准则见式（4-20）。

2）德鲁克-普拉格准则。由于莫尔-库仑准则的屈服面为角锥面，其角点在数值计算中常引起不便，为得到近似于莫尔-库仑曲面的光滑屈服面，德鲁克和普拉格给出了修正的莫尔-库仑准则，见式（4-21）。

（2）加载-卸载准则

对于理想弹塑性岩体，加载-卸载准则见式（4-22）和式（4-23）。

（3）增量形式的应力应变关系

对于油藏岩土的弹塑性问题，通常采用分段线性化处理方法，在每一增量步内总应变见式（4-24）。

由广义胡克定律可知，弹性应变增量 $d\varepsilon^e$ 见式（4-26）。

由流动规则可知，塑性应变增量见式（4-27）。

应变增量见式（4-28）。

由塑性力学可知，塑性因子见式（4-29）。

整理得弹塑性本构模型的表达式见式（4-32）。

5.1.2　扩散渗流控制方程

1. 多组分气体扩散定律

根据多组分气体扩散定律可知，多种气体中单一组分的质量通量与其浓度梯

度成正比，则

$$J = -\rho D \nabla C \qquad (5\text{-}4)$$

式中：J ——多组分气体中单一组分的扩散通量；

ρ ——多组分气体中单一组分的密度；

D ——多组分气体中单一组分的扩散系数；

C ——多组分气体中单一组分的浓度。

2. 多组分气体耦合扩散渗流控制方程

由质量守恒原理可得多组分气体渗流连续性方程为

$$\frac{\partial(\rho_i \phi)}{\partial t} + \nabla(\rho_i \phi V_g) + q = 0 \quad (i=1,2) \qquad (5\text{-}5)$$

式中：ϕ ——储层孔隙度；

ρ_i ——气体组分 i 的密度；

V_g ——混合气体的绝对平均速度；

q ——源项。

固相连续性方程为

$$-\nabla \cdot \left[\phi \rho_s (1-\phi) V_s \right] = \frac{\partial}{\partial t} \left[\phi \rho_s (1-\phi) \right]$$

式中：ρ_s ——固体骨架密度；

V_s ——固体骨架运动的绝对速度，

$$\nabla V_s = \frac{\partial}{\partial t} \left(\frac{\partial u}{\partial x} + \frac{\partial v}{\partial y} + \frac{\partial w}{\partial z} \right) = \frac{\partial \varepsilon_v}{\partial t}$$

其中：u、v、w ——单元格沿 x、y、z 三个方向的位移。

在气体运移过程中多组分气体之间发生扩散，则考虑扩散的多组分气体连续性方程可表示为

$$\frac{\partial(\rho_i \phi)}{\partial t} + \nabla(\rho_i \phi V_g) + \nabla \cdot J + q = 0 \quad (i=1,2,\cdots,N) \qquad (5\text{-}6)$$

将式（5-4）代入式（5-6），则式（5-6）可进一步表示为

$$\frac{\partial(\rho_i \phi)}{\partial t} + \nabla(\rho_i \phi V_g) - \nabla \cdot (\rho_i D_{ij} \nabla C_j) + q = 0 \quad (i=1,2,\cdots,N) \qquad (5\text{-}7)$$

由流体渗流运动方程可知：

$$V_s = V_g - V_r \qquad (5\text{-}8)$$

式中：V_s ——固体骨架的绝对速度；

V_g ——气相绝对速度；

V_r——气相相对于固体骨架的速度。

根据 Dupuit-Forchheimer 关系式，气体相对于固体骨架的速度可表示为

$$V_r = \frac{V_g}{\phi} \qquad (5-9)$$

由气体状态方程可知：

$$\frac{\partial \rho_i}{\partial t} = \frac{M_i}{RT} \frac{\partial p_i}{\partial t} \qquad (5-10)$$

式中：R——气体常数；

T——储层温度；

M_i——气体组分 i 的摩尔质量。

整理得到的多组分气体耦合扩散渗流方程为

$$\rho_i \frac{\partial \phi}{\partial t} + \phi \frac{M_i}{RT} \frac{\mathrm{d} p_i}{\mathrm{d} t} + \rho_i \phi \frac{\partial \varepsilon_v}{\partial t} + \nabla(\rho_i \phi) V_g + \rho_i \phi \nabla\left(\frac{V_g}{\phi}\right) - \nabla(\rho_i D_{ij} \nabla C_j) + q = 0 \quad (5-11)$$

根据达西渗流定律，式（5-11）可进一步表示为

$$\rho_i \frac{\partial \phi}{\partial t} + \phi \frac{M_i}{RT} \frac{\mathrm{d} p_i}{\mathrm{d} t} + \rho_i \phi \frac{\partial \varepsilon_v}{\partial t} - \nabla(\rho_i \phi) \frac{K}{\mu} (\nabla p - \rho_i g \nabla D)$$

$$+ \rho_i \phi \nabla\left(\frac{K(\nabla p - \rho_i g \nabla D)}{\mu \phi}\right) - \nabla(\rho_i D_{ij} \nabla c_j) + q = 0 \qquad (5-12)$$

式中：K——储层渗透率；

p——流体压力；

μ——混合气体的黏度；

ε_v——体积应变，$\varepsilon_v = \dfrac{\partial u}{\partial x} + \dfrac{\partial v}{\partial y} + \dfrac{\partial w}{\partial z}$。

式（5-12）即为多组分气体耦合扩散渗流控制方程。

5.1.3　辅助方程与边界条件

1. 辅助方程

（1）孔隙度与体积应变的关系[67]

假设岩体在应力状态（$\sigma_x, \sigma_y, \sigma_z$）下的体积应变为 ε_v，则孔隙度可表示为

$$\phi = \frac{V_{p0} + \Delta V_p}{V_{b0} + \Delta V_b} = 1 - \frac{V_{s0} + \Delta V_s}{V_{b0} + \Delta V_b} = 1 - \frac{1 - \phi_0}{1 + \varepsilon_v}\left(1 + \frac{\Delta V_s}{V_{s0}}\right) \qquad (5-13)$$

式中：V_{p0}——岩土初始孔隙体积；

ΔV_{p} ——岩土孔隙体积变化量；

V_{b0} ——岩土初始总体积；

ΔV_{b} ——岩土总体积变化量；

ϕ_{0} ——初始孔隙度。

当 $\Delta V_{s} \to 0$ 时，式（5-13）可表示为

$$\phi = 1 - \frac{1-\phi_{0}}{1+\varepsilon_{v}} = \frac{\phi_{0}+\varepsilon_{v}}{1+\varepsilon_{v}} \tag{5-14}$$

即

$$\frac{\phi}{\phi_{0}} = \frac{1+\varepsilon_{v}/\phi_{0}}{1+\varepsilon_{v}} \tag{5-15}$$

（2）渗透率与体积应变的关系

渗透率与体积应变的关系如下：

$$\frac{K}{K_{0}} = \left(\frac{\phi}{\phi_{0}}\right)^{3} = \left(\frac{1+\varepsilon_{v}/\phi_{0}}{1+\varepsilon_{v}}\right)^{3} \tag{5-16}$$

2. 边界条件

对于耦合渗流模型，必须要求满足定解条件，包括初始条件和边界条件。

（1）初始条件

初始条件见式（4-58）和式（4-59）。

（2）边界条件

边界条件包括外边界条件和内边界条件。

1）外边界条件见式（4-60）和式（4-61）。

2）内边界条件见式（4-62）和式（4-63）。

5.2 算例分析及结果讨论

基于本节所建立的多组分气体耦合模型对国内某拟建衰竭气藏型地下储气库以惰性气体作为垫层气的单井注采动态运移规律进行研究。采用 4 口氮气注入井从边部角点注入氮气，储层中心为注采井，地下储气库原始储量为 $2 \times 10^{7} \mathrm{m}^{3}$，开采衰竭时转为地下储气库，垫层气与工作气的比例为 1：1，氮气替代垫层气的比例为 10%，注气时间为 180d，采气时间为 120d，注采气速度分别为 $5.56 \times 10^{4} \mathrm{m}^{3}/\mathrm{d}$ 和 $8.33 \times 10^{4} \mathrm{m}^{3}/\mathrm{d}$，储层物性参数值见表 5-1，计算模型如图 5-1 所示。

表 5-1　储层物性参数值

参数		数值
初始水平渗透率/mD		100
储层厚度/m		20
初始孔隙度		0.2
泊松比		0.2
初始垂向渗透率/mD		20
水平主应力/MPa		15
储层衰竭压力/MPa		8.5
弹性模量/GPa		2.2
扩散系数/（m²/s）	天然气	$1.2×10^{-15}$
	氮气	$2.3×10^{-15}$

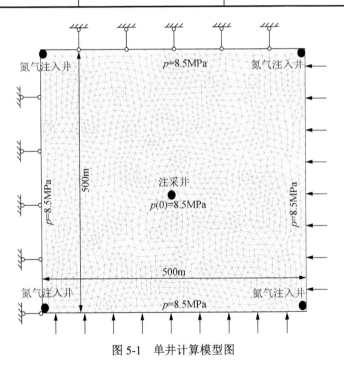

图 5-1　单井计算模型图

5.2.1　计算结果对比

1．耦合作用下储层物性参数变化规律

由图 5-2 和图 5-3 可知，地下储气库在实际注采运行过程中，压力的周期性升降使得储层介质发生不完全可逆变形，给储层的渗透率和孔隙度造成不可恢复的伤害。例如，在地下储气库注采运行结束时，注采井附近储层的渗透率降低到 0.893，孔隙度降低到 0.962。

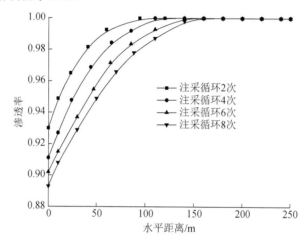

图 5-2　渗透率与水平距离的关系曲线

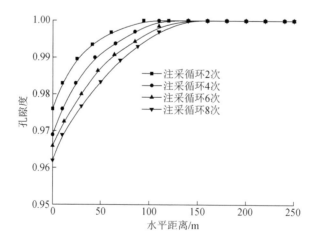

图 5-3　孔隙度与水平距离的关系曲线

2. 耦合作用下孔隙压力变化规律

从图 5-4～图 5-6 中可以看出，考虑耦合作用下的地下储气库注气末地层压力比不考虑耦合作用下的地层压力高（测得为 2.1MPa），这是由于地下储气库在实际注采运行过程中，天然气的强注强采使储层介质发生不完全可逆变形，对储层渗透率和孔隙度造成不可恢复的伤害。

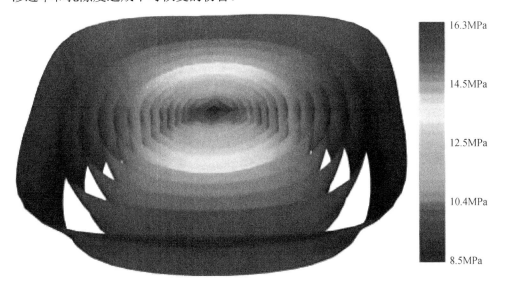

图 5-4　注气末地层压力三维分布图

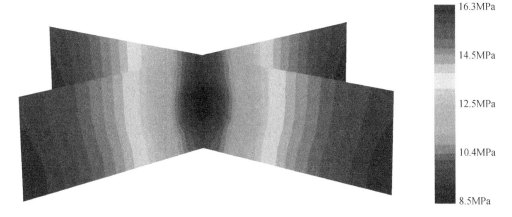

图 5-5　注气末地层压力正交切面分布图

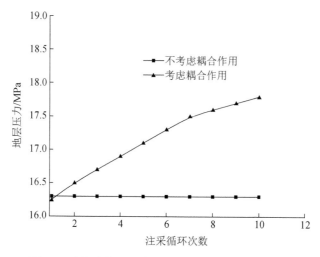

图 5-6　注气末地层压力与注采循环次数的关系曲线

3. 耦合作用下氮气替代垫层气优化分析

图 5-7 所示为惰性气体作为垫层气不同替代比时回采气中氮气含量与采气时间的关系曲线。从图 5-7 中可以看出，氮气替代垫层气量比例越大，回采气中氮气含量越大。例如，衰竭气藏型地下储气库注采运行 10 年后，氮气替代垫层气量的比例从 10%增加到 25%，回采气中氮气含量从 2.56%增加到 5.37%，增加了 110%。由此可知，氮气替代垫层气量占总垫层气量比例大小对回采气中氮气含量有重要影响，从节省投资角度分析，初始注入的氮气量越多越好。但当氮气替代垫层气量占总垫层气量比例为 20%时，回采气中氮气含量达到 4.76%，可能会影响到产出的天然气质量，因此为了节省投资又不影响采气质量,惰性气体替代垫层气总量不宜超过 20%。

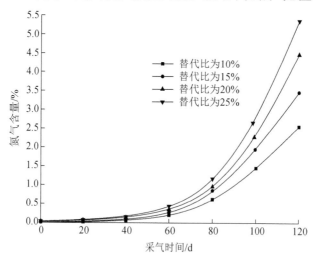

图 5-7　不同替代比时氮气含量与采气时间的关系曲线

5.2.2　影响因素分析

为了得到天然气地下储气库注采运行过程中储层渗透率、孔隙度、弹性模量、泊松比、地应力等参数对回采气中氮气含量的影响，本节利用所建立的多元气耦合模型开展储层参数对回采气中氮气含量的影响规律研究。

图 5-8 所示为不同储层渗透率（K）下回采气中氮气含量与采气时间的关系曲线。从图 5-8 中可以看出，储层渗透率越大，氮气与天然气的混合程度越大，但当储层渗透率大于 300mD 时，储层渗透率对回采气中氮气含量影响不明显。例如，地下储气库注采运行 10 年后，储层渗透率从 100mD 增加到 300mD，回采气中氮气含量从 2.56% 增加到 3.09%，增加了 20.70%，而储层渗透率从 300mD 增加到 400mD，回采气中氮气含量从 3.09% 增加到 3.21%，仅增加了 3.88%。从气体混合的角度分析，高渗透率对氮气与天然气的混合程度的影响不大。因此在实际工程中，应综合分析注采过程，选择具有较高渗透率的储层。

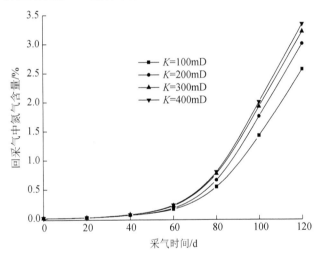

图 5-8　不同储层渗透率（K）下回采气中氮气含量与采气时间的关系曲线

图 5-9 所示为不同储层孔隙度（ϕ）下回采气中氮气含量与采气时间的关系曲线。从图 5-9 中可以看出，储层孔隙度越大，氮气与天然气的混合程度越大，但当储层孔隙度大于 0.20 时，储层孔隙度对回采气中氮气含量影响不明显。例如，地下储气库注采运行 10 年后，储层孔隙度从 0.15 增加到 0.20，回采气中氮气含量从 1.19% 增加到 2.56%，增加了 115.13%，而储层孔隙度从 0.20 增加到 0.30，回采气中氮气含量从 2.56% 增加到 2.73%，仅增加了 6.64%。显然，大孔隙度对氮气与天然气的混合程度的影响较小。因此在实际工程中，应综合分析注采过程，选择具有较大孔隙度的储层。

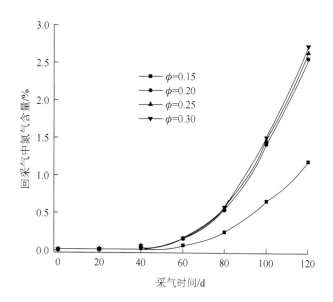

图 5-9　不同储层孔隙度（ϕ）下回采气中氮气含量与采气时间的关系曲线

图 5-10 所示为不同储层弹性模量（E）下回采气中氮气含量与采气时间的关系曲线。从图 5-10 中可以看出，在地下储气库运行过程中，弹性模量对回采气中氮气含量影响不明显。例如，地下储气库注采运行 10 年后，储层弹性模量从 2000MPa 增加到 8000MPa，回采气中氮气含量从 2.56% 增加到 2.65%，仅增加了 3.52%。

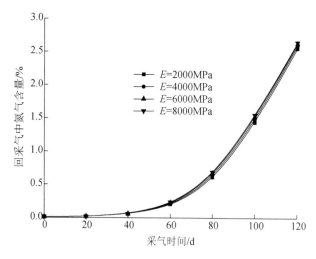

图 5-10　不同储层弹性模量（E）下回采气中氮气含量与采气时间的关系曲线

图 5-11 所示为不同泊松比（υ）下回采气中氮气含量与采气时间的关系曲线。

从图 5-11 中可以看出，储层泊松比对氮气与天然气的混合程度具有一定影响，但过大的泊松比对回采气中氮气含量影响不明显。例如，地下储气库注采运行 10 年后，储层泊松比从 0.20 增加到 0.35，回采气中氮气含量从 2.56%增加到 2.94%，增加了 14.84%。

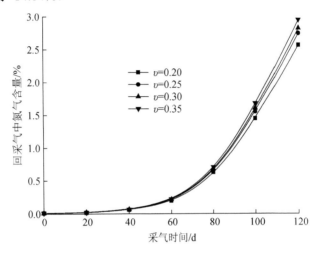

图 5-11　不同泊松比（υ）下回采气中氮气含量与采气时间的关系曲线

图 5-12 所示为不同地应力（σ）下回采气中氮气含量与采气时间的关系曲线。从图 5-12 中可以看出，地应力越大，回采气中氮气含量越小。例如，地下储气库注采运行 10 年后，地应力从 15MPa 增加到 20MPa，回采气中氮气含量从 2.56%减小到 1.91%，减小了 25.39%。

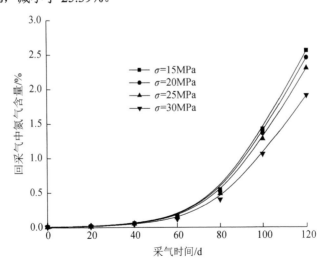

图 5-12　不同地应力（σ）下回采气中氮气含量与采气时间的关系曲线

5.3　本 章 小 结

1）本章在深入研究惰性气体替代天然气作为垫层气的混气机理的基础上，建立了多组分气体动态运移的气固耦合数学模型。本章基于该模型计算了某拟建衰竭油气藏型地下储气库注采动态运行过程中回采气中氮气含量随采气时间的变化规律，在此基础上研究了惰性气体作为垫层气，其替代比、储层渗透率、孔隙度、弹性模量、泊松比和地应力等参数对回采气中氮气含量的影响。

2）本章计算结果表明，考虑注采交变载荷作用下地下储气库储层的弹塑性变形特性所建立的多组分气体动态运移的气固耦合模型比以往非耦合模型更符合工程实际。回采气中氮气含量随着储层渗透率和孔隙度的增加而增加，但当储层渗透率和孔隙度分别大于 300mD 和 0.20 时，回采气中氮气含量变化不明显，回采气中氮气含量随着地应力的增大而减小，而储层弹性模量和泊松比对回采气中氮气含量影响较小。建议为了不影响产出的天然气质量，采取在地下储气库外侧注入惰性气体的措施，并且惰性气体替代垫层气量不宜超过 20%。

第6章 强注强采条件下地下储气库库存量
预测及老井泄漏数值模拟分析

地下储气库库存量是地下储气库正常运行的重要监测与控制内容，是帮助生产技术人员分析、判断地下储气库工作状态的重要参数。如何准确计算地下储气库的库存量对确保地下储气库建设的成败及对上游天然气开发和下游天然气需求具有重要意义。由于地下储气库注采周期交替频繁、地层压力变化大、气体流速快等，采用传统方法计算的地下储气库库存量误差较大。考虑到地下储气库运行过程中库存量的变化是一个动态过程，同时现场观察井实测压力也是一个动态的时间序列，为及时利用现场量测的动态数据进行地下储气库库存量反演，本章基于多目标优化反分析技术，建立衰竭油气藏型地下储气库库存量动态预测的多井约束优化反分析模型，利用研究区观察井实测压力资料进行反演，通过反复调整注采量，使观察井压力模拟值与实测压力值达到最优拟合，得到地下储气库真实库存量。

6.1 强注强采条件下地下储气库库存量预测

6.1.1 地下储气库库存量预测模型建立

假设气水渗流符合达西定律，气水互不相溶并且把渗流过程视为等温过程，则由质量守恒原理可得气水两相渗流连续性方程见式（4-44）和式（4-45）。

在三维空间、各向异性介质下，达西定律推广形式为

$$V = -\frac{K}{\mu}(\nabla p) \tag{6-1}$$

式中：V——水、气相的流速；

K——水、气相的有效渗透率；

μ——水、气相的黏度；

∇——哈密顿算子；

p——水、气相压力。

将式（6-1）代入式（4-44）和式（4-45）中，可推导得水驱衰竭油气藏型地下储气库气、水两相渗流方程为

$$\nabla\left(\frac{KK_{rg}\rho_g}{\mu_g}\nabla p_g\right) - q_g = \phi\frac{\partial(\rho_g S_g)}{\partial t} \tag{6-2}$$

$$\nabla\left(\frac{KK_{rw}\rho_w}{\mu_w}\nabla p_w\right) - q_w = \phi\frac{\partial(\rho_w S_w)}{\partial t} \tag{6-3}$$

式中：K_{rg}、K_{rw}——气、水相的相对渗透率；

$\quad\quad\mu_w$、μ_g——水、气相的黏度；

$\quad\quad p_w$、p_g——水、气相的压力。

分别采用伽辽金法和有限差分法对式（6-2）和式（6-3）进行空间和时间离散，经整理后其有限元支配方程可表示为

$$(AD)^{n+1}P^{n+1} - E^{n+1}S^{n+1} = D^{n+1}P^n - E^{n+1}S^n \tag{6-4}$$

$$(KR)^{n+1}P^{n+1} + (NB)^{n+1}S^{n+1} = R^{n+1}P^n + N^{n+1}S^n \tag{6-5}$$

式中：A、B、D、E、K、N、R——单元刚度矩阵；

$\quad\quad P$、S——待求未知数向量。

式（6-4）和式（6-5）是一个强烈的非线性方程组，在每一个计算时步 Δt 内都需要迭代求解。

地下储气库库存量反演就是在一定的准则下寻找能够最优拟合实际观测数据的模型或参数，是一个数据拟合问题，实质上是最优化问题。反演解与衡量数据拟合程度的最优准则密切相关，它是这一最优准则下的最优解[68-76]。有时，对所研究的区域或区块已有一定程度了解，即对模型参数具备了一些先验信息。利用这些先验信息，可对优化准则或参数加以约束。地下储气库库存量反演所获取的观测数据通常为区域观察井的井底压力值，反演即为压力反演。采用最小二乘法作为最优准则，考虑到观察井井底压力值是个动态的时间序列，本节构造的动态参数反演准则（或目标函数）表示成如下两个模型[77]。

1）约束模型。若已知研究区域或区块内第 i 个观察井 t 时刻井底压力的有限元模拟值 P_{it} 和相应的实测压力值 P_{it}^{obs}，则模型可表示为

$$\min\Phi(X) = \left[P_{it} - P_{it}^{obs}\right]^{\mathrm{T}}\left[P_{it} - P_{it}^{obs}\right] \quad (a_i \leqslant X_i \leqslant b_i) \tag{6-6}$$

式中：P_{it}——第 i 个观察井 t 时刻井底压力的有限元模拟值；

$\quad\quad P_{it}^{obs}$——第 i 个观察井 t 时刻井底实测压力值；

$\quad\quad X$——待求地下储气库库存量向量；

$\quad\quad a_i$、b_i——根据先验知识确定的地下储气库库存量参数的上下界。

2）无约束模型。当式（6-6）中的条件不存在时，则无约束模型表示为

$$\min\Phi(X) = \left[P_{it} - P_{it}^{obs}\right]^{\mathrm{T}}\left[P_{it} - P_{it}^{obs}\right] \tag{6-7}$$

6.1.2 地下储气库库存量预测模型反演算法

1. 阻尼最小二乘法

阻尼最小二乘法同时具有梯度下降法和高斯-牛顿法的优点,寻优速度较快且具有较高的计算精度[78-81]。阻尼最小二乘法是对高斯-牛顿法的改进,其基本思想是将非线性模型线性化,即在给定参数初值的领域内,把函数通过泰勒级数展开,通过反复迭代逐渐逼近目标函数的极小值,得到参数的最优解。当阻尼因子 λ_k 初值很小时,步长等于高斯-牛顿法步长;而当阻尼因子 λ_k 初值很大时,步长约等于梯度下降法的步长。在第 k 步迭代时,记压力响应列向量为 $\boldsymbol{P}^k$,地下储气库库存量列向量为 $\boldsymbol{X}^k$,将压力响应列向量 $\boldsymbol{P}^k$ 在库存量列向量为 $\boldsymbol{X}^k$ 的邻域内展开成级数形式,并略去二阶以上微量得[77]

$$\boldsymbol{P}^k = \boldsymbol{P}^{k-1} + \frac{\partial P}{\partial \boldsymbol{X}}(\boldsymbol{X}^k - \boldsymbol{X}^{k-1}) = \boldsymbol{P}^{k-1} + \boldsymbol{J}(\boldsymbol{X}^k - \boldsymbol{X}^{k-1}) \qquad (6\text{-}8)$$

式中: $\boldsymbol{J}$ ——压力响应列向量 $\boldsymbol{P}^k$ 在 $\boldsymbol{X}^k$ 处的雅克比矩阵,可通过有限差分法近似求得,即

$$J_{ij} = \frac{\partial P_i}{\partial X_j} \approx \frac{\Delta P_i}{\Delta X_j} = \frac{P_i(X_1, X_2, \cdots, X_j + \Delta X_j, \cdots, X_n)}{\Delta X_j} - \frac{P_i(X_1, X_2, \cdots, X_j, \cdots, X_n)}{\Delta X_j} \quad (6\text{-}9)$$

阻尼最小二乘法使用的搜索方向是一组线性等式的解,迭代公式为

$$\left[\boldsymbol{J}^{\mathrm{T}}\left(\boldsymbol{X}^{(k)}\right)\boldsymbol{J}\left(\boldsymbol{X}^{(k)}\right) + \lambda_k \boldsymbol{I}\right]\Delta \boldsymbol{X}^{(k)} = -\boldsymbol{J}^{\mathrm{T}}\left(\boldsymbol{X}^{(k)}\right)\left\{\boldsymbol{P}^{k-1} - \boldsymbol{P}_{it}^{\mathrm{obs}}\right\} \qquad (6\text{-}10)$$

式中: $\Delta \boldsymbol{X}$ ——参数向量 $\boldsymbol{X}$ 的搜索方向向量;

$\boldsymbol{I}$ ——单位矩阵。

标量 λ_k 在迭代过程中控制 $\Delta \boldsymbol{X}^{(k)}$ 的方向与大小,当 λ_k 等于零时,$\Delta \boldsymbol{X}^{(k)}$ 的方向与高斯-牛顿法的结果一致;当 λ_k 趋于无穷时,由式(6-10)可以得到

$$\left[\boldsymbol{J}^{\mathrm{T}}\left(\boldsymbol{X}^{(k)}\right)\boldsymbol{J}\left(\boldsymbol{X}^{(k)}\right) + \lambda_k \boldsymbol{I}\right]\Delta \boldsymbol{X}^{(k)} \approx \lambda_k \boldsymbol{I}\Delta \boldsymbol{X}^{(k)} = -\boldsymbol{J}^{\mathrm{T}}\boldsymbol{X}^{(k)}\left[\boldsymbol{P}^{k-1} - \boldsymbol{P}_{it}^{\mathrm{obs}}\right]$$

从而有

$$\Delta \boldsymbol{X}^{(k)} = -\frac{1}{\lambda_k}\boldsymbol{J}^{\mathrm{T}}\left(\boldsymbol{X}^{(k)}\right)\left[\boldsymbol{P}^{k-1} - \boldsymbol{P}_{it}^{\mathrm{obs}}\right] \qquad (6\text{-}11)$$

则有 $\Delta \boldsymbol{X}^{(k)}$ 趋于零向量,且具有最陡峭的下降斜率,这意味着对于充分大的 λ_k,有

$$\varPhi\left(\boldsymbol{X}^{(k)} + \Delta \boldsymbol{X}^{(k)}\right) < \varPhi\left(\boldsymbol{X}^{(k)}\right)$$

由式（6-11）得到

$$\Delta \boldsymbol{X}^{(k)} = -\left[\boldsymbol{J}^{\mathrm{T}}\left(\boldsymbol{X}^{(k)}\right)\boldsymbol{J}\left(\boldsymbol{X}^{(k)}\right) + \lambda_k \boldsymbol{I}\right]^{-1} \times \boldsymbol{J}^{\mathrm{T}}\left(\boldsymbol{X}^{(k)}\right)\left[\boldsymbol{P}^{k-1} - \boldsymbol{P}_{it}^{\mathrm{obs}}\right] \qquad (6\text{-}12)$$

故有

$$\boldsymbol{X}^{(k)} = \boldsymbol{X}^{(k-1)} + \Delta \boldsymbol{X}^{(k)} \qquad (6\text{-}13)$$

地下储气库库存量 $\boldsymbol{X}$ 由式（6-11）~式（6-13）迭代求解，直到满足精度要求为止。迭代初值的选择是关键因素，若地下储气库库存量的范围已知，参数 $\boldsymbol{X}$ 的迭代初值一般取为该参数上下限的平均值。若参数值域为无界域，则参数 $\boldsymbol{X}$ 的迭代初值可通过试算后根据经验选取。然而阻尼最小二乘法是局部极值算法，得到的是局部最优解而非全局最优解，实际应用中只能通过在多个初始迭代点上使用传统数值方法来求得全局最优解，但用这种处理方法求得全局最优解的概率不高、可靠性差。

2. 遗传算法

遗传算法提供了一种求解复杂问题的通用框架，对于一个求函数最小值的优化问题，一般可描述为下述数学模型[82]，即

$$\begin{cases} \min \varPhi(X) \\ X \in R \\ R \in U \end{cases} \qquad (6\text{-}14)$$

式中：X ——决策变量；

$\varPhi(X)$ ——目标函数，$X \in R$ 和 $R \in U$（U 为基本空间）属于约束条件。

遗传算法是一类随机优化算法[83-94]，它是通过对染色体的评价及对染色体中基因的作用来指导搜索有希望改善优化质量的状态。遗传算法的分析步骤如下，流程图如图 6-1 所示。

1）初始化：随机产生一组初始种群，评价个体适应度值。

2）开展适应度检测评估，满足终止条件则输出结果，终止运算；否则执行下面的步骤。

3）选择运算：选择算子作用于群体。

4）交叉运算：交叉算子作用于群体。

5）变异运算：经过选择、交叉、变异运算后得到下一代群体。

6）返回步骤2）。

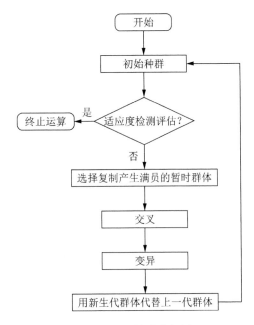

图 6-1　遗传算法流程图

遗传算法由遗传编码、适应度函数、选择算子、交叉算子、变异算子及运行参数组成[89-94]。

（1）遗传编码

编码是把一个问题从解空间转化到搜索空间中以进行处理的转换方式。编码方式的好坏直接影响遗传算法的处理性能，好的编码方式会使得遗传算法迅速收敛，如果编码处理不当，就有可能出现解集合内无对应的可行解。迄今人们提出了许多不同的编码，应用较广泛的 3 类编码包括二进制编码、格雷码编码和浮点编码。

1）二进制编码。二进制编码方式是遗传算法使用最多的编码方式，它主要使用二进制字符 0 和 1 所组成的符号集 $\{0,1\}$，所有构成的个体都是二进制编码符号。例如，对于某一决策变量的取值范围设为 $\{U_1, U_2\}$，通过设定实际求解精度 δ 来确定各设计变量对应的二进制字符串的长度 l，即

$$l = \mathrm{int}\left[\log_2\left(\frac{U_2 - U_1}{\delta + 1}\right) + 1\right] \tag{6-15}$$

对于长度为 l 的字符串其实际求解精度 δ 为

$$\delta = \frac{U_2 - U_1}{2^l - 1} \tag{6-16}$$

这样对任一决策变量 $U \in \{U_1, U_2\}$ 采用长度为 l 的二进制编码后，搜索区域

$\{U_1, U_2\}$ 被离散成为 2^l 个等分点，设计变量将从这些等分点中取值。把所有的这些二进制字符串连接起来就是优化算法的解空间，可以看出这些二进制字符串与生物染色体构成极为相似，各决策变量的字符串长度越长，搜索区域 $\{U_1, U_2\}$ 被划分得越精细，计算精度就会越高，当然运算效率也越低。二进制编码缺点是汉明悬崖，如果一个决策变量之间的距离比较大，同时二进制编码的长度不够长时，计算精度就会较差，如果仅通过增加编码串的长度来提高精度，那么遗传算法搜索的时间就会大大增加，使得搜索空间也急剧扩大，运算效率会很低。

2）格雷码编码。格雷码编码方式克服了二进制编码的方式不足，当遗传算法搜索到最优值附近时要求参数做微小变化以达到最优解，二进制编码会通过变异来改变参数的数值，但是当一个基因座上的码位发生变异时，二进制表示的个体有时候会发生很大变化。而使用格雷码编码就不会出现这种情况，格雷码的一个码位发生变异对应的参数值只会发生微小变化，因此可以提高遗传算法局部搜索的能力。

设一个二进制编码为 $B = b_m b_{m-1} \cdots b_2 b_1$，则其对应的格雷码编码为 $G = g_m g_{m-1} \cdots g_2 g_1$，两个编码之间的转换关系为

$$\begin{cases} g_m = b_m \\ g_i = b_{i+1} \oplus b_i, i = m-1, m-2, \cdots, 1 \end{cases} \tag{6-17}$$

式中：$\oplus$ ——取异或运算。

3）浮点编码。浮点编码将个体的基因值用一个浮点数表示，其编码长度和决策变量数目相等，这种浮点数往往是变量的真实值，因此要求基因值在变量取值范围值之内，通过遗传算法交叉、变异后的基因值也要在决策变量范围之内。

（2）适应度函数

在遗传算法中，适应度函数是用来区分群体中个体的好坏的。在优化过程中，当求解一些最小值时，优化的目标函数会出现负数，这就要求目标函数和适应度函数之间进行一些转化，将负值转化为正值。常用的转化方法有以下 3 种。

1）直接将待解的目标函数 $f(x)$ 转换为适应度函数 $\text{Fit}(f(x))$：

$$\text{Fit}(f(x)) = \begin{cases} f(x) & \max \\ -f(x) & \min \end{cases} \tag{6-18}$$

2）式（6-18）不能全部保证所有个体的适应度都是非负，此时可采用以下转化方法。

① 对于最大值函数优化问题，有

$$\mathrm{Fit}\big(f(x)\big)=\begin{cases}f(x)+c_{\min} & f(x)+c_{\min}>0\\0 & f(x)+c_{\min}\leqslant0\end{cases}\tag{6-19}$$

式中：$c_{\min}$ —— $f(x)$ 最小估算值。

② 对于最小值函数优化问题，有

$$\mathrm{Fit}\big(f(x)\big)=\frac{1}{1+c+f(x)}\qquad c\geqslant0,\quad c+f(x)\geqslant0\tag{6-20}$$

式中：c —— $f(x)$ 的估算值。

（3）选择算子

选择算子是遗传算法中将满足要求的个体以某种方式遗传到下一代中的一个操作，一般选择算子都是依据适应度作为评判标准的，适应度越大被选中概率也就越大，选择的作用是避免丢失遗传信息和提高全局收敛性。

（4）交叉算子

交叉算子是将亲本的基因根据一定的概率将部分基因互换或重组，从而得到兼有亲本基因特征的后代个体，通过交叉算子能得到比亲代更优的个体。交叉算子主要包括点式交叉、均匀交叉和算术交叉 3 种。点式交叉可以按交叉点的不同分为单点交叉、两点交叉和多点交叉，在不同的交叉位置交换父代个体对应字串。点式交叉原理图如图 6-2 所示。均匀交叉原理图如图 6-3 所示。

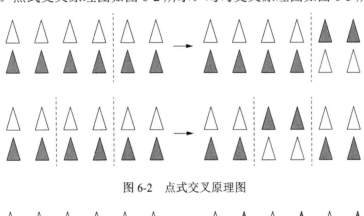

图 6-2　点式交叉原理图

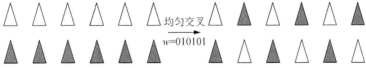

图 6-3　均匀交叉原理图

算术交叉是指由两个个体线性组合而产生新的个体。设在两个个体 A、B 之间进行算术交叉，则交叉运算后生成的两个新个体 X、Y 为

$$\begin{cases} X = \alpha A + (1-\alpha)B \\ Y = \alpha B + (1-\alpha)A \end{cases} \tag{6-21}$$

式中：α——根据实际情况确定的一个数值或一个变量。

（5）变异算子

通过选择算子和交叉算子，遗传算法能够对种群起到进化作用，但在运算过程中可能会遗漏一些重要的遗传信息。因此，仅凭上述两种遗传操作所得到的最优解有可能是局部最优解，而非全局最优解。通过引入变异算子可以解决该问题，目前常用的变异算子包括基本位变异和均匀变异。

基本位变异是对编码串中的某一个或几个基因值以一定的变异概率随机进行改变。均匀变异是指可能的变异值在定义域范围内分布概率是均匀的，设 $X = x_1 x_2 \cdots x_i \cdots x_l$ 是一条被选中的变异染色体，其取值范围为 $\left[U_{\min}^l, U_{\max}^l \right]$，设 x_i 为选中变异位，则变异后的 x_i' 为

$$x_i' = \begin{cases} x_i + \Delta(t, U_{\max}^l - v_i) & \text{random}(0,1) = 0 \\ x_i - \Delta(t, v_i - U_{\min}^l) & \text{random}(0,1) = 1 \end{cases} \tag{6-22}$$

式中：$\text{random}(0,1)$——随机数取 0 或 1；

v_i——$\left[U_{\min}^l, U_{\max}^l \right]$ 中的一个随机数；

$\Delta(t, y)$（y 代表 $U_{\max}^l - v_i$ 和 $v_i - U_{\min}^l$）——$[0, y]$ 范围内符合非均匀分布的一个随机数，要求随着进化代数 t 的增加，$\Delta(t, y)$ 接近于 0 的概率也逐渐增加。

其中 $\Delta(t, y)$ 可定义为

$$\Delta(t, y) = y \left(1 - r^{(1-t/T)^b} \right) \tag{6-23}$$

式中：r——$[0,1]$ 范围内符合均匀概率分布的一个随机数；

T——最大进化代数；

b——系统参数。

（6）运行参数

遗传算法中的主要参数有个体编码串长度 l、群体大小 M、交叉概率 p_c、变异概率 p_m、终止代数 T。

1）个体编码串长度 l：当对个体用二进制编码表示时，所求问题的精度与编码串长度 l 的选取直接相关；若对个体使用浮点编码表示，编码串长度 l 与决策变量数 n 相等。

2）群体大小 M：当 M 取值较小时，遗传算法的运算速度可得到明显提高，

但会减小群体的多样性，可能会产生遗传算法的早熟现象；而当 M 取值较大时，遗传算法的运行效率会降低，建议取值范围为 20～100。

3）交叉概率 p_c：交叉概率一般取值较大，建议取值范围为 0.4～0.99。

4）变异概率 p_m：若变异概率 p_m 取值太大，则可能会破坏群体中的优良模式，导致遗传算法的搜索趋于随机性；若取值过小，则它产生新个体和抑制早熟的能力会较差，建议取值范围为 0.0001～0.1。

5）终止代数 T：终止代数是表示遗传算法运行结束条件的一个参数，建议取值范围为 100～1000。

3. 混合遗传算法

（1）混合遗传算法设计步骤[95-96]

遗传算法作为一种全局搜索方法具有较强的全局搜索能力、鲁棒性、适应性与并行性，在很多领域已得到广泛应用。然而，遗传算法容易出现早熟收敛现象而且在进化后期搜索能力较低。阻尼最小二乘法局部极值算法，有较强的局部寻优能力，并能使搜索过程避免陷入局部最优解，但是这种处理方法求得全局最优解的概率不高、可靠性差。因此本节在标准遗传算法中融合了阻尼最小二乘法的思想构成了混合遗传算法，该算法主要有两个特点。

1）引入局部搜索。针对群体中个体所对应的表现型开展局部搜索，得到局部最优解，达到改善群体总体性能的效果。

2）增加编码变换操作。针对局部搜索所得到的局部最优解，通过编码将它们变换为新群体，在此基础上进行下一代的遗传进化操作。

混合遗传算法的一般流程如下。

步骤 1：对群体进行初始化，设定遗传算法初始参数。

步骤 2：对群体进行选择操作。

步骤 3：交叉操作。

步骤 4：变异操作。

步骤 5：对选择、交叉、变异后得到的种群用阻尼最小二乘法进行局部寻优，得到新的群体。

步骤 6：重复步骤 2～步骤 5。

（2）混合遗传算法约束条件的处理

在实际应用中常会遇到含有一定约束条件的优化问题，它们的一般表达式为

$$\begin{cases} \min \quad f(\boldsymbol{x}) \\ h_i(\boldsymbol{x}) = 0 \quad (i = 1, \cdots, m) \\ g_j(\boldsymbol{x}) \leqslant 0 \quad (j = 1, \cdots, l) \\ \boldsymbol{I} \leqslant \boldsymbol{x} \leqslant \boldsymbol{u} \end{cases} \qquad (6\text{-}24)$$

式中：$\boldsymbol{x} = [x_1, \cdots, x_n]^T$，$\boldsymbol{I} = [l_1, \cdots, l_n]^T$，$\boldsymbol{u} = [u_1, \cdots, u_n]^T$。

在混合遗传算法计算过程中必须对这些约束条件进行处理，目前还没有一种能处理各种约束条件的方法。因此，只能针对具体问题及约束条件的特征和遗传算子的运行能力选用相应的处理方法。目前约束条件的处理方法主要包括可行方向法、可行解变换法和罚函数法。

1）可行方向法。利用可行方向的概念，由可行点 $x^{(k)}$ 开始，找一个下降的可行方向 $d^{(k)}$ 作为搜索方向，进而确定沿此方向的移动步长，得到下一个迭代点 $x^{(k+1)}$。在每一步迭代过程中都要满足等式约束 $h_i(x) = 0$，$i = 1, \cdots, m$，以及不等式约束 $g_j(x) \leqslant 0$，$j = 1, \cdots, l$。当 $m + l$ 很大时，则每一步长搜索的数据点有限，效率较低。

2）可行解变换法。可行解变换法的本质是寻找一种个体基因型和个体表现型之间的多对一的变换关系，使进化过程中所产生的个体总能够通过这个变换关系而转化成解空间中满足约束条件的一个可行解（图6-4）。这种处理方法的优点是对个体的编码方法、交叉运算、变异运算等没有附加要求，缺点是转换关系的寻找和扩大的搜索空间致使遗传法的运行效率下降。

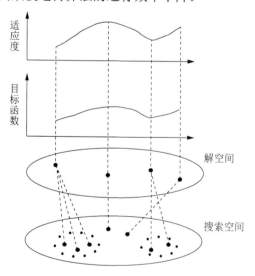

图6-4　搜索空间与解空间对应关系

3）罚函数法[91-92]。罚函数法的基本思想是对于解空间中无对应可行解的个体，在计算其适应度时，通过除以一个罚函数来降低该个体适应度，使该个体被遗传到下一代群体中的机会减少。在混合遗传算法中，适应度的计算公式需进行适当的调整，即

$$F'(\boldsymbol{X}) = \begin{cases} F(\boldsymbol{X}) & X\text{满足约束条件时} \\ F(\boldsymbol{X}) - P(\boldsymbol{X}) & X\text{不满足约束条件时} \end{cases} \quad （6\text{-}25）$$

式中：$F(\boldsymbol{X})$——原适应度；

　　　$F'(\boldsymbol{X})$——新适应度；

　　　$P(\boldsymbol{X})$——罚函数。

通过罚函数 $P(\boldsymbol{X})$ 的增加，很容易淘汰掉那些在迭代过程中企图违反约束的很小适应度值。根据约束形式和定义的泛函及罚因子的递推方法等不同，罚函数法可分为内点法、外点法和混合罚函数法 3 种。

① 内点法。内点法的数学模型仅适用于不等式约束，其模型格式为

$$\begin{cases} \min\ F(\boldsymbol{X}) \\ \boldsymbol{X} \in \boldsymbol{D} \in \mathbf{R}^n \\ \boldsymbol{D} = \left\{ \boldsymbol{X} \middle| g_j(\boldsymbol{X}) \geqslant 0,\ j = 1, \cdots, p \right\} \end{cases} \quad （6\text{-}26）$$

内点法常采用如下形式的泛函数：

$$G[g_j(\boldsymbol{X})] = \frac{1}{g_j(\boldsymbol{X})} \quad （6\text{-}27）$$

由此，内点法所构造的相应罚函数形式为

$$\varphi(\boldsymbol{X}, r^{(k)}) = f(\boldsymbol{X}) + r^{(k)} \sum_{j=1}^{p} g_j(\boldsymbol{X}) \quad （6\text{-}28）$$

式中：$r^{(k)}$——罚因子值。

由式（6-28）可知，每一次对罚函数 $\varphi(\boldsymbol{X}, r^{(k)})$ 求无约束的极值，其结果都将随该次所给定的罚因子值 $r^{(k)}$ 而异。内点法在寻优过程中，随着罚因子的逐次调整而减小，即取 $r^{(1)} > r^{(2)} > \cdots > r^{(k)} > \cdots > 0$，所得的最优点序列 $X^{*(1)}, X^{*(2)}, \cdots, X^{*(k)}$ 可以看成以 $r^{(k)}$ 为参数的一条轨迹，在可行域内部一步一步地沿着这条轨迹向原问题约束最优点 X^* 逼近，当 $\lim\limits_{k \to \infty} r^{(k)} = 0$ 时，所得的最优点 X^* 逼近原问题的约束最优点。这样，将原约束最优化问题转换成为序列无约束最优化问题。

② 外点法。外点法的模型格式如下：

$$\begin{cases} \min \ F(X) \\ X \in D \in \mathbf{R}^n \\ D = \left\{ X \middle| g_j(X) \geqslant 0, \ j = 1, 2, \cdots, m; \ h_j(X) = 0, \ j = m+1, m+2, \cdots, p \right\} \end{cases} \quad (6\text{-}29)$$

a. 对于不等式约束，其泛函数为

$$G\left[g_j(X) \right] = \begin{cases} \displaystyle\sum_{j=1}^{m} \left(g_j(X) \right)^2 & g_j(X) \geqslant 0 \\ 0 & g_j(X) < 0 \end{cases} \quad (6\text{-}30)$$

b. 对于等式约束，其泛函数为

$$E\left[h_j(X) \right] = \begin{cases} \displaystyle\sum_{j=m+1}^{p} \left(h_j(X) \right)^2 & h_j(X) \neq 0 \\ 0 & h_j(X) = 0 \end{cases} \quad (6\text{-}31)$$

由此，外点法所构造的相应罚函数的形式为

$$\varphi(X, r^{(k)}) = f(X) + r^{(k)} \left\{ \sum_{j=1}^{m} \left[\min\left(0, g_j(X) \right) \right]^2 + \sum_{j=m+1}^{p} \left[\min\left(h_j(X) \right) \right]^2 \right\} \quad (6\text{-}32)$$

由式（6-32）可知，每一次对罚函数 $\varphi(X, r^{(k)})$ 求无约束的极值，其结果都将随该次所给定的罚因子值 $r^{(k)}$ 而异。外点法在寻优过程中，随着罚因子的逐次调整而增大，即取 $0 < r^{(1)} < r^{(2)} < \cdots < r^{(k)} < \cdots$，所得的最优点序列 $X^{*(1)}, X^{*(2)}, \cdots, X^{*(k)}$ 可以看成以 $r^{(k)}$ 为参数的一条轨迹，在可行域内部一步一步地沿着这条轨迹向原问题约束最优点 X^* 逼近。这样，将原约束最优化问题转换成为序列无约束最优化问题。

③ 混合罚函数法。混合罚函数法在一定程度上综合了内点法和外点法的优点，弥补了某些缺点，可处理等式约束和不等式约束的优化问题。混合罚函数法的构造形式与外点法的区别如下：选定初始点后，对于已满足的不等式约束用内点法构造惩罚项，对于等式和未被满足的不等式约束按外点法构造惩罚项。混合罚函数法的具体形式为

$$\varphi(X, r^{(k)}) = f(X) + r^{(k)} b(X) + \frac{1}{r^{(k)}} \left[l(X) + e(X) \right] \quad (6\text{-}33)$$

式中：$b(X)$ —— 对于已被初始点满足的不等式约束按内点法构造的泛函，

$$b(X) = \sum_{j \in I_1} \ln \frac{1}{g_j(X)} \ ;$$

$l(X)$ —— 对于未被初始点满足的不等式约束按外点法构造的泛函，

$$l(X) = \sum_{j \in I_2} \left\{ \min\left[0, g_j(X) \right] \right\}^2 ;$$

$e(X)$——按外点法构造的等式约束的泛函，$e(X) = \sum_{j=m+1}^{p} h_j^2(X)$ ；

$r^{(k)}$——罚因子值。对于内点法构造的惩罚项，$r^{(k)}$ 是递减的正数列；对于外点法构造的惩罚项，$r^{(k)}$ 是递增的正数列。

下标集合定义为

$$I_1 = \left\{ j \middle| g_j\left(X^{(0)} > 0, \ 1 \leqslant j \leqslant m\right) \right\}$$

$$I_2 = \left\{ j \middle| g_j\left(X^{(0)} \leqslant 0, \ 1 \leqslant j \leqslant m\right) \right\}$$

4. 混合遗传算法有效性验证

优化算法的性能一般包括两个判断指标，即算法的优化质量和优化效率：①算法的优化质量是指在充分长的时间内算法所能得到的最优解；②算法的优化效率是指在规定时间内算法所能得到的最优解。算法的优化质量和优化效率分别相当于通常意义下的收敛性和收敛速度。

对混合遗传算法进行验证需用到 De Jong 函数 F2 和 Schaffer 函数 F6。

（1）De Jong 函数 F2

De Jong 函数 F2 是一个二维函数，具有一个全局极小点 $f_2(1.0,1.0) = 0.0$ ，该函数是一个病态的单峰值函数，在函数曲面上沿着曲线 $x_2 = x_1^2$ 有一条较为狭窄的山谷，传统的梯度优化方法搜索到山谷边缘时，会发生振荡，难以进行全局优化。其表达式为

$$\begin{cases} f_2(x_1, x_2) = 100(x_1^2 - x_2)^2 + (1 - x_1)^2 \\ -2.048 \leqslant x_i \leqslant 2.048 \quad (i = 1, 2) \end{cases} \tag{6-34}$$

利用混合遗传算法对测试函数 De Jong 函数 F2 进行数值分析，计算结果如图 6-5 和图 6-6 所示。从标准遗传算法和混合遗传算法对测试函数优化结果可以看出，当采用标准遗传算法进行计算，种群规模取 100 时，标准遗传算法的早熟收敛现象十分明显。而当种群规模取 1000 时，标准遗传算法的早熟收敛现象在一定程度上受到抑制，函数最优值以 10^{-7} 的精度收敛于解析解。当采用混合遗传算法进行计算，种群规模仍取 100 时，该方法能有效抑制早熟收敛现象并且计算精度比标准遗传算法要高。

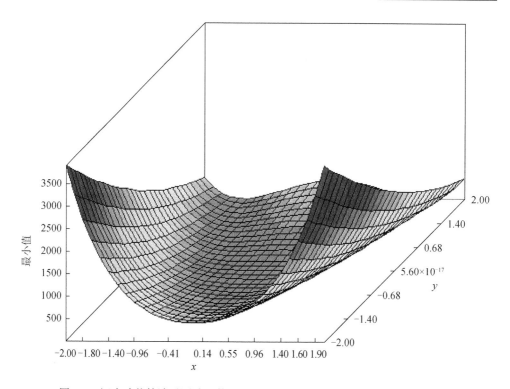

图 6-5　混合遗传算法对测试函数（De Jong 函数 F2）繁衍第五代的数值图像

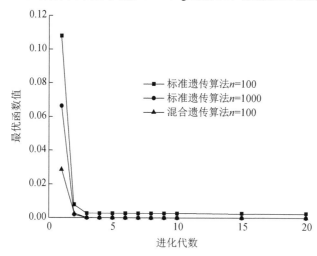

图 6-6　标准遗传算法与混合遗传算法对测试函数（De Jong 函数 F2）的优化结果对比

（2）Schaffer 函数 F6

Schaffer 函数 F6 的表达式为

$$\begin{cases} f_6(x_1, x_2) = 0.5 + \dfrac{\sin^2 \sqrt{x_1^2 + x_2^2} - 0.5}{\left[1.0 + 0.001(x_1^2 + x_2^2)\right]^2} \\ -100 \leqslant x_i \leqslant 100 \quad (i = 1, 2) \end{cases} \tag{6-35}$$

Schaffer 函数 F6 在其定义域内只有一个全局极小点 $f_6(0.0, 0.0) = 0.0$，由于变量范围较大，采用传统的优化算法求解时往往因为搜索空间太大无法得到全局最优解，在采用标准遗传算法时，需要设置相当大的种群规模来得到全局最优解。

利用混合遗传算法对测试函数 Schaffer 函数 F6 进行数值分析，计算结果如图 6-7 和图 6-8 所示。从标准遗传算法和混合遗传算法对测试函数 Schaffer 函数 F6 优化结果可以看出，采用标准遗传算法进行计算，当种群规模取 100 时，标准遗传算法的早熟收敛现象十分明显。而当种群规模取 1000 时，标准遗传算法的早熟收敛现象在一定程度上受到抑制，函数最优值以 10^{-6} 的精度收敛于解析解。当采用混合遗传算法进行计算，种群规模仍取 100 时，该方法能在耗费较小计算量的同时较好地抑制早熟收敛现象并且计算精度比标准遗传算法明显提高。

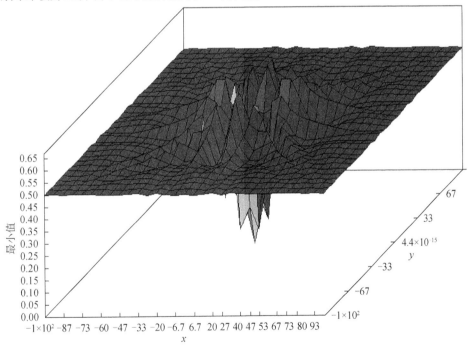

图 6-7　混合遗传算法对测试函数（Schaffer 函数 F6）繁衍第五代的数值图像

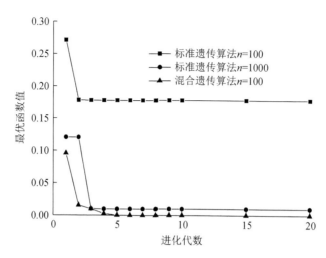

图 6-8 标准遗传算法与混合遗传算法对测试函数（Schaffer 函数 F6）的优化结果对比

由上述仿真结果可知，本节所提出的结合全局搜索和局部搜索的混合遗传算法是一个稳健、高效的函数优化算法，该方法能够弥补标准遗传算法局部搜索能力弱的缺点，在有效抑制早熟收敛现象的同时保证其全局搜索能力，从而得到目标函数的全局最优值，在求解复杂函数优化问题中，显示出良好的性能。

6.1.3　地下储气库实例分析

为了验证建立的地下储气库库存量动态预测的多井约束优化反分析模型的正确性，本节以国内某地下储气库（图 6-9）为例，以第一个运行周期注气末的动态正分析计算结果作为假想的实测压力值进行动态反演。地下储气库从 2000 年 11 月开始运行，年采气时间为 120d；年注气时间为 200d；年调峰气量为 $6×10^8 m^3/a$；日调峰气量为 $5×10^6 m^3/a$；单井采气量为 $3×10^5 m^3/a$；单井注气量为 $4×10^4 m^5/a$；运行压力区间为 14~27MPa；总井数 20 口，采气井 16 口（8 口兼注气井），观察井 4 口。地下储气库衰竭时压力为 14MPa，储层渗透率 K=200mD，储层孔隙度 ϕ=0.23，相对渗透率曲线如图 6-10 和图 6-11 所示，气油界面取-2675m，油水界面取-2695m。

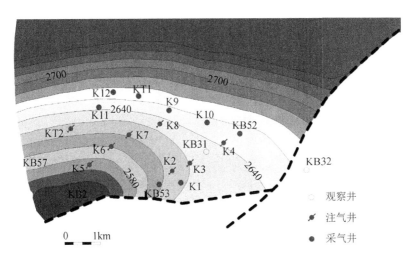

图 6-9　国内某地下储气库顶面构造图

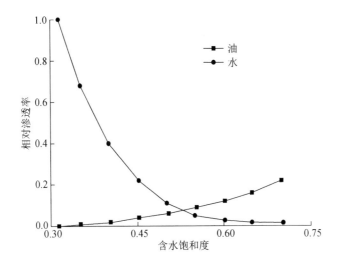

图 6-10　油水相对渗透率曲线

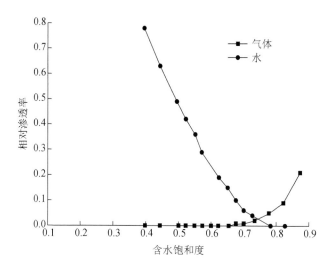

图 6-11 气水相对渗透率曲线

基于地下储气库库存量动态预测的多井约束优化反分析模型可建立如下的动态反演思路。

1）初始条件：根据现场资料，初步设定地下储气库库存量初始值为 $2 \times 10^8 m^3$。

2）约束目标：利用现场 4 口观察井实测压力值作为已知约束条件，自动调整地下储气库库存量，使观察井压力值与实测压力值达到最优拟合，观察井实测压力值见表 6-1。

3）搜索范围：地下储气库库存量约束值下限为 $0.1 \times 10^8 m^3$，上限为 $10 \times 10^8 m^3$。

4）反演结果：基于以上条件，反演得到的 4 口观察井压力值和地下储气库库存量见表 6-2。

为了对比所建立的多井约束优化反分析模型和混合遗传算法求解结果的准确性和精度，本节在计算过程中分别利用阻尼最小二乘法、标准遗传算法和混合遗传算法对国内某天然气地下储气库库存量进行动态反演,计算结果见表 6-1 和表 6-2。从表 6-1 和表 6-2 中可以看出，阻尼最小二乘法相对误差最大，标准遗传算法次之，混合遗传算法最小。例如，当反演结束时，采用阻尼最小二乘法计算的实测压力值与反演压力值的最大相对误差为 23.6%，标准遗传算法最大相对误差为 17%，混合遗传算法最大相对误差仅为 5.8%。采用混合遗传算法进行动态反演的地下储气库库存量与实测库存量的相对误差仅为 3.6%。反演结果证实了本节所建立模型的正确性和精度，可以满足工程实际要求。由于地下储气库库存量的动态变化可以通过观察井和注采井的压力变化来反映，因此该方法也可以判断地下储气库在注采动态运行时是否存在渗漏。

表 6-1　观察井实测压力值和反演值

观察井	实测值/MPa	阻尼最小二乘法反演值/MPa	标准遗传算法反演值/MPa	混合遗传算法反演值/MPa
KB57	24.46	18.85	26.75	25.87
KB2	23.86	24.63	20.79	24.35
KB31	26.52	20.25	28.44	27.15
KB32	24.85	26.68	20.73	23.55

表 6-2　观察井实测压力值与反演值的相对误差

观察井	阻尼最小二乘法相对误差/%	标准遗传算法相对误差/%	混合遗传算法相对误差/%
KB57	22.9	9.4	5.8
KB2	3.2	13.0	2.1
KB31	23.6	7.2	2.4
KB32	7.4	17.0	5.2

6.2　地下储气库老井泄漏数值模拟分析

目前衰竭油气藏地下储气库是在已衰竭或接近衰竭的油气藏中建设而成的，大部分被长时间开发，因此老井众多。由于使用时间长，套管腐蚀磨损、射孔等，套管质量、强度和管外水泥胶结质量等均有不同程度的下降，老井极易出现管内漏气、管外跑气和层间串气事故（图 6-12），严重威胁天然气地下储气库的安全运行[97]。而衰竭油气藏型地下储气库的注采井有着与常规天然气开发生产井显著不同的特点，地下储气库地层压力按年度呈周期性变化，每年均可以恢复甚至超过原始地层压力，因此地下储气库任何一口井在特定条件下都有可能成为高压气井。在反复注采气过程中，地下储气井的套管受到高压注气、地应力不均匀及腐蚀等多种因素作用直接影响井筒的安全可靠性及储气层的吞吐能力[98-109]。

因此，本节建立了求解老井渗透率的环空带压数学模型并给出其解析解，在此基础上根据渗流力学建立了真实描述天然气沿老井泄漏的气水两相渗流模型并采用全隐式解法进行求解。基于该模型研究了地下储气库运行压力、井筒渗透率、天然气黏度和井眼尺寸等参数对地下储气库天然气泄漏量的影响。

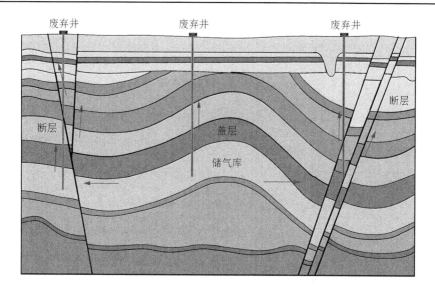

图 6-12　天然气泄漏示意图

6.2.1　基于环空带压的老井渗透率计算模型

由于储层的气体渗流到环空中，其压力被传导到了井口，从而在环空中产生一定的压力，此现象被称为环空带压[110-115]。环空带压产生的原因主要有 4 种，即井下管串的密封失效、固井时顶替效率差、水泥浆体系及配方设计不合理和水泥环受到破坏。为了计算方便，本章将环空带压产生的原因统一看成气体沿着水泥环泄漏（图 6-13）。

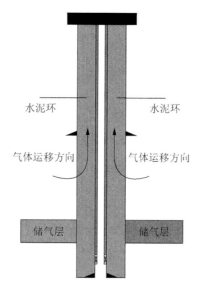

图 6-13　天然气沿老井泄漏示意图

6.2.2　老井渗透率计算模型

图 6-14 为老井渗透率计算模型示意图。为了得到老井渗透率的解析解，假设如下。

1）储层中气体为理想气体，气体沿水泥环做垂向运移，仅考虑单相气作用。

2）气体运移过程中储层介质各向同性，孔隙度和渗透率保持不变。

根据质量守恒原理可得到气体的连续性方程为

$$-\frac{\partial(\rho_g v_z)}{\partial z}=\frac{\partial(\phi\rho_g)}{\partial t} \tag{6-36}$$

式中：v_z——气体速率；

ϕ——孔隙度。

对于均匀介质和牛顿流体，渗透率和流体黏度为常数，将流体和岩石压缩系数定义代入式（6-36）可得

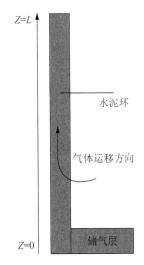

图 6-14　老井渗透率计算模型示意图

$$\frac{\partial^2 P}{\partial z^2}+c_t\left(\frac{\partial P}{\partial z}\right)^2=\frac{\phi\mu c_t}{K_z}\frac{\partial P}{\partial t} \tag{6-37}$$

式中：c_t——岩石压缩系数；

K_z——渗透率；

z——深度。

忽略压力导数平方项，则得

$$\frac{\partial^2 P}{\partial z^2}=\frac{\phi\mu c_t}{K_z}\frac{\partial P}{\partial t} \tag{6-38}$$

式（6-38）即为天然气沿老井逃逸的单相渗流控制方程。

6.2.3　老井渗透率解析解

对于上述天然气沿老井逃逸的一维渗流问题，可转化为如下定解问题：

$$\begin{cases} \dfrac{\partial^2 P}{\partial z^2}=\dfrac{\phi\mu c_t}{K_z}\dfrac{\partial P}{\partial t} \\[2mm] P(z,t)\big|_{z=0}=p_1 \\[2mm] q(z,t)\big|_{z=l}=0 \\[2mm] \dfrac{\partial z}{\partial t}=-\dfrac{K}{\mu}\dfrac{\partial P}{\partial z} \end{cases} \tag{6-39}$$

求解式（6-39）得[116]

$$P(z,t) = P_0 - \sum_{n=1}^{\infty} \frac{qP_{sc}T(-1)^{n+1}}{LT_{sc}AK\alpha^2}\sin(\alpha z)e^{-c^2\alpha^2 t} \tag{6-40}$$

式中：$\alpha = \left(n\pi - \dfrac{\pi}{2}\right)\dfrac{1}{L}$ ；

$c^2 = \dfrac{K}{\phi\mu c_t}$ ；

P_0——地下储气库压力；

L——井身长度；

P_{sc}——地面标准压力；

T_{sc}——地面标准温度；

A——水泥环面积；

K——老井渗透率。

根据现场实测的实时环空带压数据，联立式（6-40）即可近似求得老井渗透率。

6.2.4 天然气泄漏数学模型及数值解法

1. 天然气泄漏数学模型

假设天然气在储层中的流动遵循达西渗流并考虑渗流过程中重力、毛管力的影响，则由质量守恒定律可推导气、水相渗流方程为

$$\nabla\left[\frac{\rho_g KK_{rg}}{\mu_g}(\nabla p_g - \rho_g g\nabla D)\right] + q_g = \frac{\partial}{\partial t}(\rho_g S_g \phi) \tag{6-41}$$

$$\nabla\left[\frac{\rho_w KK_{rw}}{\mu_w}(\nabla p_w - \rho_w g\nabla D)\right] + q_w = \frac{\partial}{\partial t}(\rho_w S_w \phi) \tag{6-42}$$

2. 数值解法

在非均匀网格条件下，采用块中心差分格式，先对气相偏微分方程（6-4）的左端项进行空间差分，再对右端项进行时间差分，经化简得

$$T_{gi+\frac{1}{2},j,k}\left[(P_{gi+1,j,k} - P_{gi,j,k}) - \gamma_{gi+\frac{1}{2},j,k}(D_{i+1,j,k} - D_{i,j,k})\right]$$

$$-T_{gi-\frac{1}{2},j,k}\left[(P_{gi,j,k} - P_{gi-1,j,k}) - \gamma_{gi-\frac{1}{2},j,k}(D_{i,j,k} - D_{i-1,j,k})\right]$$

$$+T_{gi,j+\frac{1}{2},k}\left[(P_{gi,j+1,k} - P_{gi,j,k}) - \gamma_{gi,j+\frac{1}{2},k}(D_{i,j+1,k} - D_{i,j,k})\right]$$

$$-T_{gi,j-\frac{1}{2},k}\left[(P_{gi,j,k} - P_{gi,j-1,k}) - \gamma_{gi,j-\frac{1}{2},k}(D_{i,j,k} - D_{i,j-1,k})\right]$$

$$+T_{gi,j,k+\frac{1}{2}}\left[\left(P_{gi,j,k+1}-P_{gi,j,k}\right)-\gamma_{gi,j,k+\frac{1}{2}}\left(D_{i,j,k+1}-D_{i,j,k}\right)\right]$$

$$-T_{gi,j,k-\frac{1}{2}}\left[\left(P_{gi,j,k}-P_{gi,j,k-1}\right)-\gamma_{gi,j,k-\frac{1}{2}}\left(D_{i,j,k}-D_{i,j,k-1}\right)\right]$$

$$+V_{i,j,k}q_{gi,j,k}=\frac{V_{i,j,k}}{\Delta t}\left[\left(\rho_g S_g \phi\right)_{i,j,k}^{n+1}-\left(\rho_g S_g \phi\right)_{i,j,k}^{n}\right] \tag{6-43}$$

其中：

$$T_{gi+\frac{1}{2},j,k}=F_{gi+\frac{1}{2},j,k}\times\lambda_{gi+\frac{1}{2},j,k}$$

$$T_{gi-\frac{1}{2},j,k}=F_{gi-\frac{1}{2},j,k}\times\lambda_{gi-\frac{1}{2},j,k}$$

$$T_{gi,j+\frac{1}{2},k}=F_{gi,j+\frac{1}{2},k}\times\lambda_{gi,j+\frac{1}{2},k}$$

$$T_{gi,j-\frac{1}{2},k}=F_{gi,j-\frac{1}{2},k}\times\lambda_{gi,j-\frac{1}{2},k}$$

$$T_{gi,j,k+\frac{1}{2}}=F_{gi,j,k+\frac{1}{2}}\times\lambda_{gi,j,k+\frac{1}{2}}$$

$$T_{gi,j,k-\frac{1}{2}}=F_{gi,j,k-\frac{1}{2}}\times\lambda_{gi,j,k-\frac{1}{2}}$$

$$F_{i\pm\frac{1}{2},j,k}=\frac{\Delta y_j \Delta z_k}{\Delta x_{i\pm\frac{1}{2}}}$$

$$F_{i,j\pm\frac{1}{2},k}=\frac{\Delta x_i \Delta z_k}{\Delta y_{j\pm\frac{1}{2}}}$$

$$F_{i,j,k\pm\frac{1}{2}}=\frac{\Delta x_i \Delta y_j}{\Delta z_{k\pm\frac{1}{2}}}$$

$$\lambda_{gi\pm\frac{1}{2},j,k}=\left(\frac{K_x K_{rg}\rho_g}{\mu_g}\right)_{i\pm\frac{1}{2},j,k}$$

$$\lambda_{gi,j\pm\frac{1}{2},k}=\left(\frac{K_y K_{rg}\rho_g}{\mu_g}\right)_{i,j\pm\frac{1}{2},k}$$

$$\lambda_{gi,j,k\pm\frac{1}{2}}=\left(\frac{K_z K_{rg}\rho_g}{\mu_g}\right)_{i,j,k\pm\frac{1}{2}}$$

其中：T——传导系数；

F——几何因子；

λ——流动系数；

$V_{i,j,k}$——单元网格块(i,j,k)的体积。

同理，水相方程转化为

$$T_{\mathrm{w}i+\frac{1}{2},j,k}\left[\left(P_{\mathrm{w}i+1,j,k}-P_{\mathrm{c}i,j,k}\right)-\gamma_{\mathrm{w}i+\frac{1}{2},j,k}\left(D_{i+1,j,k}-D_{i,j,k}\right)\right]$$

$$-T_{\mathrm{w}i-\frac{1}{2},j,k}\left[\left(P_{\mathrm{w}i,j,k}-P_{\mathrm{w}i-1,j,k}\right)-\gamma_{\mathrm{w}i-\frac{1}{2},j,k}\left(D_{i,j,k}-D_{i-1,j,k}\right)\right]$$

$$+T_{\mathrm{w}i,j+\frac{1}{2},k}\left[\left(P_{\mathrm{w}i,j+1,k}-P_{\mathrm{g}i,j,k}\right)-\gamma_{\mathrm{w}i,j+\frac{1}{2},k}\left(D_{i,j+1,k}-D_{i,j,k}\right)\right]$$

$$-T_{\mathrm{w}i,j-\frac{1}{2},k}\left[\left(P_{\mathrm{w}i,j,k}-P_{\mathrm{g}i,j-1,k}\right)-\gamma_{\mathrm{w}i,j-\frac{1}{2},k}\left(D_{i,j,k}-D_{i,j-1,k}\right)\right]$$

$$+T_{\mathrm{w}i,j,k+\frac{1}{2}}\left[\left(P_{\mathrm{w}i,j,k+1}-P_{\mathrm{c}i,j,k}\right)-\gamma_{\mathrm{w}i,j,k+\frac{1}{2}}\left(D_{i,j,k+1}-D_{i,j,k}\right)\right]$$

$$-T_{\mathrm{w}i,j,k-\frac{1}{2}}\left[\left(P_{\mathrm{w}i,j,k}-P_{\mathrm{w}i,j,k-1}\right)-\gamma_{\mathrm{w}i,j,k-\frac{1}{2}}\left(D_{i,j,k}-D_{i,j,k-1}\right)\right]$$

$$+V_{i,j,k}q_{\mathrm{w}i,j,k}=\frac{V_{i,j,k}}{\Delta t}\left[\left(\rho_{\mathrm{w}}S_{\mathrm{w}}\phi\right)_{i,j,k}^{n+1}-\left(\rho_{\mathrm{w}}S_{\mathrm{w}}\phi\right)_{i,j,k}^{n}\right] \qquad （6\text{-}44）$$

其中：

$$\lambda_{\mathrm{w}i\pm\frac{1}{2},j,k}=\left(\frac{K_xK_{\mathrm{rw}}\rho_{\mathrm{w}}}{\mu_{\mathrm{w}}}\right)_{i\pm\frac{1}{2},j,k}$$

$$\lambda_{\mathrm{w}i,j\pm\frac{1}{2},k}=\left(\frac{K_yK_{\mathrm{rw}}\rho_{\mathrm{w}}}{\mu_{\mathrm{w}}}\right)_{i,j\pm\frac{1}{2},k}$$

$$\lambda_{\mathrm{w}i,j,k\pm\frac{1}{2}}=\left(\frac{K_zK_{\mathrm{rw}}\rho_{\mathrm{w}}}{\mu_{\mathrm{w}}}\right)_{i,j,k\pm\frac{1}{2}}$$

$$F_{i,j,k\pm\frac{1}{2}}=\frac{\Delta x_i\Delta y_j}{\Delta z_{k\pm\frac{1}{2}}}$$

$$F_{i,j\pm\frac{1}{2},k}=\frac{\Delta x_i\Delta z_k}{\Delta y_{j\pm\frac{1}{2}}}$$

$$F_{i\pm\frac{1}{2},j,k}=\frac{\Delta y_j\Delta z_k}{\Delta x_{i\pm\frac{1}{2}}}$$

$$T_{\mathrm{w}i+\frac{1}{2},j,k}=F_{\mathrm{w}i+\frac{1}{2},j,k}\times\lambda_{\mathrm{w}i+\frac{1}{2},j,k}$$

$$T_{\mathrm{w}i-\frac{1}{2},j,k}=F_{\mathrm{w}i-\frac{1}{2},j,k}\times\lambda_{\mathrm{w}i-\frac{1}{2},j,k}$$

$$T_{\mathrm{w}i,j+\frac{1}{2},k}=F_{\mathrm{w}i,j+\frac{1}{2},k}\times\lambda_{\mathrm{w}i,j+\frac{1}{2},k}$$

$$T_{\mathrm{w}i,j-\frac{1}{2},k}=F_{\mathrm{w}i,j-\frac{1}{2},k}\times\lambda_{\mathrm{w}i,j-\frac{1}{2},k}$$

$$T_{\mathrm{w}i,j,k+\frac{1}{2}}=F_{\mathrm{w}i,j,k+\frac{1}{2}}\times\lambda_{\mathrm{w}i,j,k+\frac{1}{2}}$$

$$T_{\mathrm{w}i,j,k-\frac{1}{2}}=F_{\mathrm{w}i,j,k-\frac{1}{2}}\times\lambda_{\mathrm{w}i,j,k-\frac{1}{2}}$$

为简化方程，引入如下线性微分算子，则有

$$
\begin{cases}
\Delta_x T_g \Delta_x P_g = T_{gi+\frac{1}{2},j,k}(P_{gi+1,j,k} - P_{gi,j,k}) - T_{gi-\frac{1}{2},j,k}(P_{gi,j,k} - P_{gi-1,j,k}) \\
\Delta_y T_g \Delta_y P_g = T_{gi,j+\frac{1}{2},k}(P_{gi,j+1,k} - P_{gi,j,k}) - T_{gi,j-\frac{1}{2},k}(P_{gi,j,k} - P_{gi,j-1,k}) \\
\Delta_z T_g \Delta_z P_g = T_{gi,j,k+\frac{1}{2}}(P_{gi,j,k+1} - P_{gi,j,k}) - T_{gi,j,k-\frac{1}{2}}(P_{gi,j,k} - P_{gi,j,k-1})
\end{cases}
\tag{6-45}
$$

则式（6-44）方程可简写为

$$
\Delta T_g \Delta P_g - \Delta T_g \gamma_g \Delta D + V_{i,j,k} q_{gi,j,k} = \frac{V_{i,j,k}}{\Delta t}\left[(\rho_g S_g \phi)_{i,j,k}^{n+1} - (\rho_g S_g \phi)_{i,j,k}^{n} \right]
\tag{6-46}
$$

同理先对水相偏微分方程（6-5）的左端项进行空间差分，再对右端项进行时间差分，经化简得到如下方程：

$$
\Delta T_w \Delta P_w - \Delta T_w \gamma_w \Delta D + V_{i,j,k} q_w = \frac{V_{i,j,k}}{\Delta t}\left[(\rho_w S_w \phi)_{i,j,k}^{n+1} - (\rho_w S_w \phi)_{i,j,k}^{n} \right]
\tag{6-47}
$$

式（6-46）和式（6-47）即为天然气泄漏的数值模型，上述非线性方程组线性化采用雅克比迭代预处理方法即可求解。

6.2.5　算例分析及结果讨论

国内某拟建地下储气库中部埋置深度为 2500m，储层渗透率为 300mD，盖层渗透率为 0.03mD，储层孔隙度 $\phi = 0.2$，天然气的黏度为 1.813×10^{-5}Pa·s，注气时间为 200d，注气速率为 $40 \times 10^4 \text{m}^3/\text{d}$，环空带压实测值如图 6-15 所示，采用式（6-40）计算得到老井渗透率，计算模型图如图 6-16 所示。

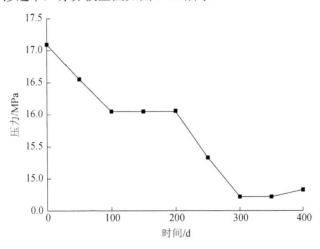

图 6-15　环空带压实测值

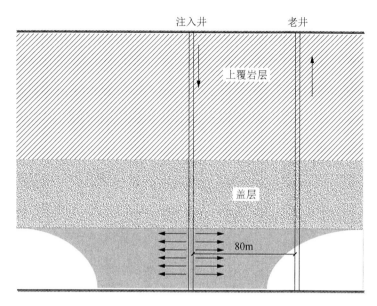

图 6-16　计算模型图

图 6-17 所示为地下储气库运行压力与泄漏量的关系曲线。从图 6-17 中可以看出，连续注气 200d 时，天然气沿老井的泄漏量随着地下储气库运行压力的增加近似线性增加。例如，地下储气库运行压力从 15MPa 增加到 30MPa，天然气沿老井的泄漏量从 10m³ 增加到 20m³，增加了 1 倍。

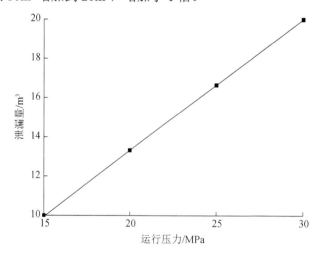

图 6-17　地下储气库运行压力与泄漏量的关系曲线

图 6-18 所示为老井渗透率与泄漏量的关系曲线。从图 6-18 中可以看出，连续注气 200d 时，天然气沿老井的泄漏量随着老井渗透率的增加近似线性增加。例

如，老井渗透率从 0.1mD 增加到 1.5mD，天然气沿老井的泄漏量从 16.64m³ 增加到 250m³，增加了 14 倍左右。

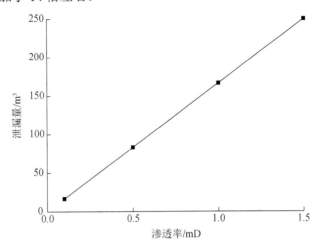

图 6-18　老井渗透率与泄漏量的关系曲线

图 6-19 所示为天然气黏度与泄漏量的关系曲线。从图 6-19 中可以看出，连续注气 200d 时，天然气沿老井的泄漏量随着天然气黏度的增加而逐渐减小。例如，天然气黏度从 0.010MPa·s 增加到 0.019MPa·s，天然气沿老井的泄漏量从 27.64m³ 减小到 14.56m³，减小了 47.32%。

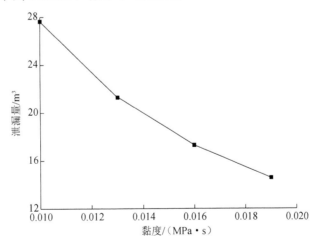

图 6-19　天然气黏度与泄漏量的关系曲线

图 6-20 所示为井眼尺寸与泄漏量的关系曲线。从图 6-20 中可以看出，连续注气 200d 时，天然气沿老井的泄漏量随着井眼尺寸的增加而非线性增加。例如，

井眼尺寸从 20cm 增加到 35cm，天然气沿老井的泄漏量从 $16.64m^3$ 增加到 $84m^3$，增加了 4 倍左右。

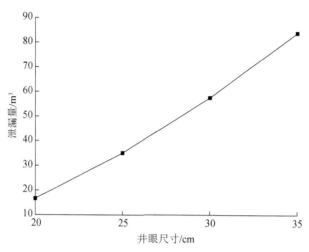

图 6-20　井眼尺寸与泄漏量的关系曲线

从上述的分析可以看出，老井的密封性是天然气泄漏的重要影响因素。而由衰竭油气藏改建的地下储气库，大部分生产井接近衰竭，因此，为了地下储气库的安全运行，防止地下储气库中天然气损失，杜绝安全隐患，对地下储气库中老井进行密封处理极为必要。

6.3　本　章　小　结

1）考虑到衰竭油气藏型地下储气库运行过程中库存量的变化是一个动态过程，同时现场观察井实测压力也是一个动态的时间序列，为及时利用现场量测的动态数据进行地下储气库库存量反演，本章基于多目标优化反分析方法，建立衰竭的气藏型地下储气库库存量动态预测的多井约束优化反分析模型，利用研究区观察井实测压力资料进行反演，反复调整注采量，使观察井压力模拟值与实测压力值达到最优拟合，得到地下储气库真实库存量。

2）计算结果表明，采用混合遗传算法进行动态反演的地下储气库库存量与实测库存量的相对误差为 3.6%，观察井反演压力值和实测压力值的最大相对误差为 5.8%，反演结果证实了本节模型的正确性和精度，可以满足工程实际要求。

3）针对老井渗透率难以通过计算获得的难题，本章给出了求解老井渗透率的环空带压数学模型并给出其解析解，在此基础上根据渗流力学建立了真实描述天然气沿老井泄漏的气水两相渗流模型并采用全隐式解法进行求解，基于该模型研究了地下储气库运行压力、井筒渗透率、天然气黏度和井眼尺寸等参数对储气库天然气泄漏量的影响。

4) 计算结果表明，天然气沿老井的泄漏量随着地下储气库运行压力、老井渗透率和井眼尺寸的增加近似线性增加，随着天然气黏度的增加而逐渐减小。为了地下储气库的安全运行，防止地下储气库中天然气损失，杜绝安全隐患，对地下储气库中老井的密封处理极为必要。

第7章 地下储气库套管强度有限元数值模拟研究

为了研究高压地下储气库套管的安全可靠性，本章建立了套管-水泥环-地层组合模型，分析了注采气工况下地层特性（弹性模量、泊松比和地应力非均匀系数）和水泥环特性（弹性模量、泊松比和水泥环厚度）对套管强度的影响，为我国衰竭油气藏型地下储气库的建造和安全运行提供技术支持和借鉴。

7.1 高压地下储气库套管强度有限元分析

7.1.1 数值模型的建立

衰竭油气藏型地下储气库的注采井有与常规天然气开发生产井显著不同的特点，地下储气库地层压力按年度呈周期性变化，每年均可以恢复甚至超过原始地层压力，因此地下储气库区任何一口井在特定条件下都有可能成为高压气井。高压气井在反复注采气过程中，套管、水泥环和储气地层都受到高压注气、不均匀地应力及腐蚀等多种因素的作用，安全可靠性受到严重威胁。

为了研究注气和采气不同工况下储气库套管强度的变化规律，本节以国内某衰竭油气藏型地下储气库为例，对注采井套管进行有限元数值模拟。下面主要以国内地下储气库经常使用的 API P110 型套管实际尺寸和材料参数为依据建立三维有限元数值模型，套管最小屈服强度为 758MPa，最大屈服强度为 965MPa，抗拉强度为 862MPa，壁厚为 10.36mm。地下储气库注采工况见表 7-1，套管-水泥环-地层参数见表 7-2。

表 7-1 地下储气库注采工况

工况	工作状态	套管内径/mm	套管外径/mm	套管壁厚/mm	井底压力/MPa	地应力/MPa
1	注气	157.1	177.8	10.36	29	64.5（最大主应力）
2	采气	157.1	177.8	10.36	15	43.5（最小主应力）

表 7-2 套管-水泥环-地层参数

参数	材料名称	弹性模量/（10^4MPa）	泊松比	密度/（kg/m³）
1	套管	21.0	0.30	7850
2	水泥环	2.5	0.25	1830
3	地层	2.0	0.18	2300

套管-水泥环-地层计算模型长度为 10m，选用 SOLID 95 单元，套管-水泥环和水泥环-地层接触面选用 CONAT 174 接触单元，其三维有限元模型的网络划分图及网格局部放大分布图分别如图 7-1 和图 7-2 所示。

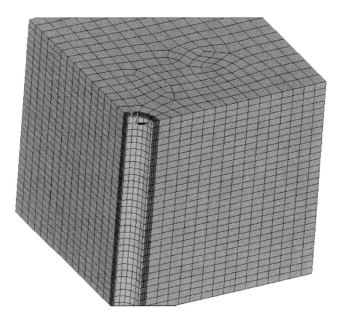

图 7-1　套管–水泥环–地层模型网格划分图

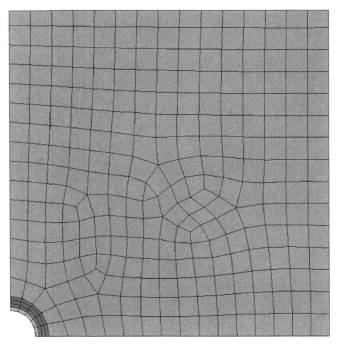

图 7-2　套管–水泥环–地层模型网格局部放大分布图

7.1.2　模拟结果的分析及讨论

由图 7-3～图 7-6 可以看出，无论是套管注气工况，还是采气工况，套管的最大有效应力均出现在内壁，与最小水平主应力方向一致。随着地应力的增大，套管内部最先破坏的将是靠近最小水平地应力的位置；由图 7-7 可以看出，注气时套管有效应力比采气时的有效应力大。例如，采气时的套管最大有效应力为 463MPa，注气时的套管最大有效应力为536MPa，相比采气时的最大有效应力增加了15.77%。

图 7-3　注气工况下套管有效应力分布图

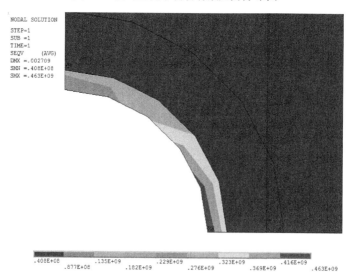

图 7-4　注气工况下套管有效应力局部放大分布图

NODAL SOLUTION
STEP=1
SUB =1
TIME=1
SEQV   (AVG)
DMX =.002711
SMN =.410E+08
SMX =.536E+09

.410E+08   .151E+09   .261E+09   .371E+09   .481E+09
      .959E+08   .206E+09   .316E+09   .426E+09   .536E+09

图 7-5　采气工况下套管有效应力分布图

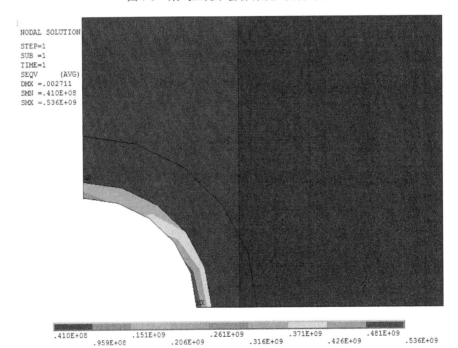

NODAL SOLUTION
STEP=1
SUB =1
TIME=1
SEQV   (AVG)
DMX =.002711
SMN =.410E+08
SMX =.536E+09

.410E+08   .151E+09   .261E+09   .371E+09   .481E+09
      .959E+08   .206E+09   .316E+09   .426E+09   .536E+09

图 7-6　采气工况下套管有效应力局部放大分布图

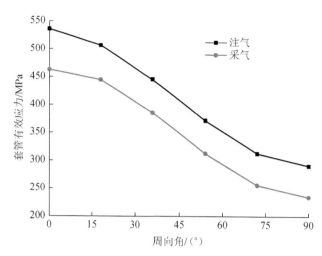

图 7-7　套管有效应力与周向角的关系曲线

7.2　高压地下储气库套管强度影响因素分析

为了得到地层特性（弹性模量、泊松比和地应力非均匀系数）和水泥环特性（弹性模量、泊松比和水泥环厚度）对套管和水泥环最大有效应力的影响，利用本章所建立的模型分别对上述参数取不同值计算套管最大有效应力与运行压力的变化规律，应力云图如图 7-8～图 7-19 所示。

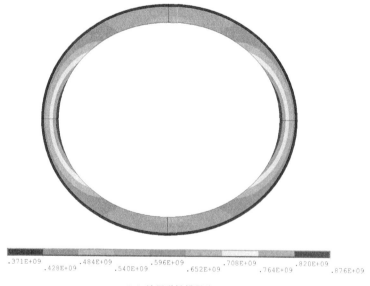

（a）地层弹性模量为 10GPa

图 7-8　地下储气库运行压力为 15MPa 时的不同地层弹性模量的套管有效应力图

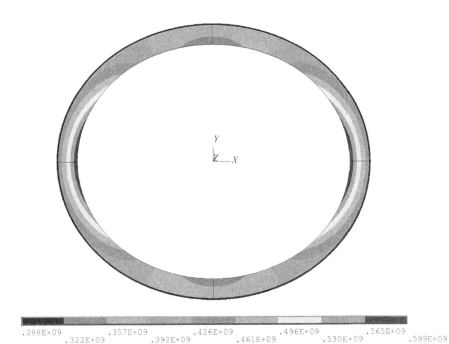

.288E+09　　　.357E+09　　　.426E+09　　　.496E+09　　　.565E+09
　　.322E+09　　.392E+09　　.461E+09　　.530E+09　　.599E+09

（b）地层弹性模量为 20GPa

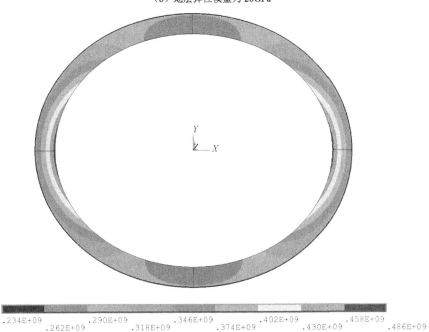

.234E+09　　　.290E+09　　　.346E+09　　　.402E+09　　　.458E+09
　　.262E+09　　.318E+09　　.374E+09　　.430E+09　　.486E+09

（c）地层弹性模量为 30GPa

图 7-8（续）

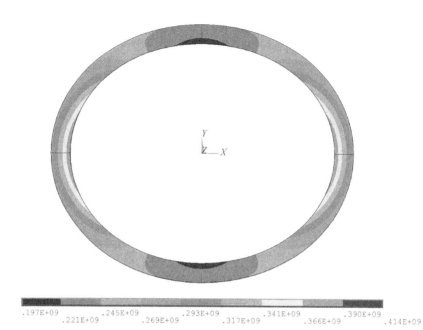

.197E+09　　　　.245E+09　　　　.293E+09　　　　.341E+09　　　　.390E+09
　　　.221E+09　　　.269E+09　　　.317E+09　　　.366E+09　　　.414E+09

（d）地层弹性模量为40GPa

图 7-8（续）

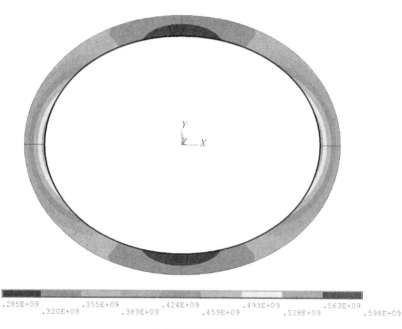

.285E+09　　　　.355E+09　　　　.424E+09　　　　.493E+09　　　　.563E+09
　　　.320E+09　　　.389E+09　　　.459E+09　　　.528E+09　　　.598E+09

（a）地层泊松比为0.1

图 7-9　地下储气库运行压力为 15MPa 时的不同地层泊松比的套管有效应力图

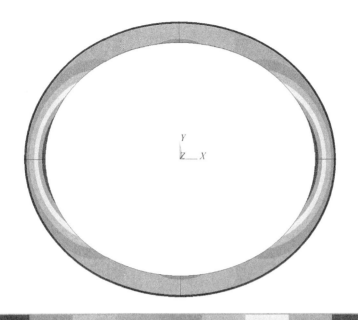

.289E+09　　.361E+09　　.433E+09　　.504E+09　　.576E+09
　　.325E+09　　.397E+09　　.469E+09　　.540E+09　　.612E+09

（b）地层泊松比为 0.2

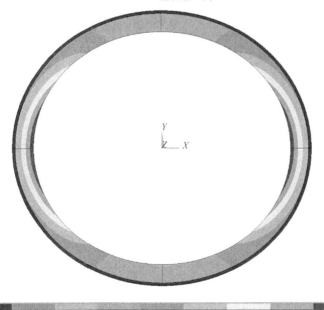

.287E+09　　.374E+09　　.462E+09　　.549E+09　　.636E+09
　　.331E+09　　.418E+09　　.505E+09　　.592E+09　　.680E+09

（c）地层泊松比为 0.3

图 7-9（续）

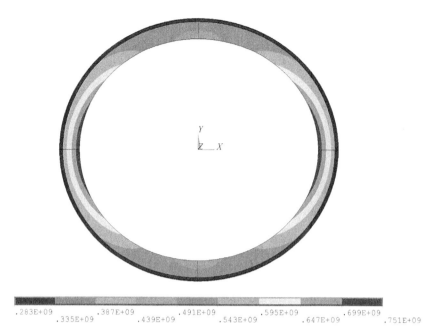

（d）地层泊松比为 0.4

图 7-9（续）

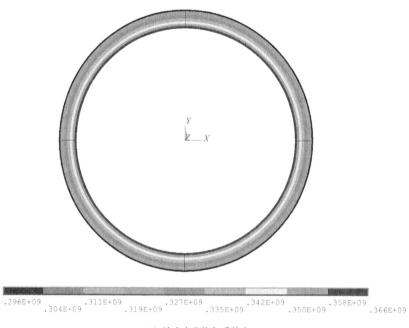

（a）地应力非均匀系数为 1.0

图 7-10　地下储气库运行压力为 15MPa 时的不同地应力非均匀系数的套管有效应力图

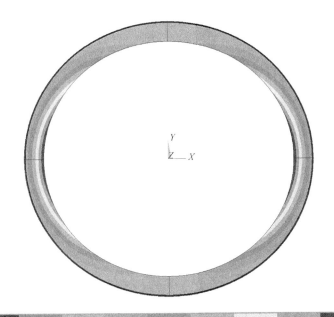

| .310E+09 | | .344E+09 | | .378E+09 | | .412E+09 | | .446E+09 | |
| | .327E+09 | | .361E+09 | | .395E+09 | | .429E+09 | | .463E+09 |

（b）地应力非均匀系数为 1.2

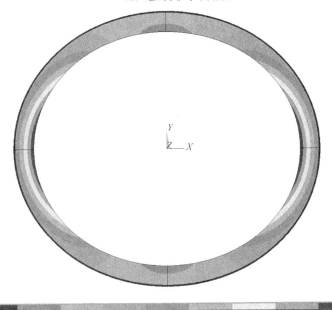

| .296E+09 | | .355E+09 | | .413E+09 | | .472E+09 | | .530E+09 | |
| | .325E+09 | | .384E+09 | | .442E+09 | | .501E+09 | | .559E+09 |

（c）地应力非均匀系数为 1.4

图 7-10（续）

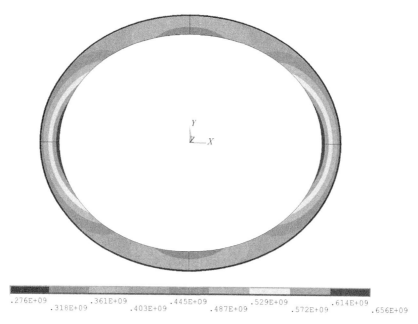

.276E+09   .361E+09   .445E+09   .529E+09   .614E+09

    .318E+09   .403E+09   .487E+09   .572E+09   .656E+09

（d）地应力非均匀系数为 1.6

图 7-10（续）

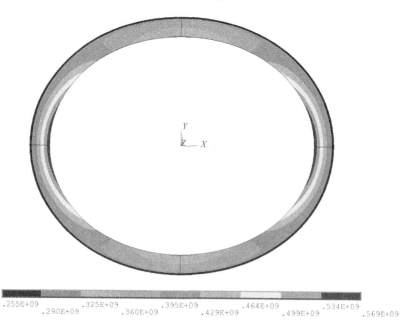

.255E+09   .325E+09   .395E+09   .464E+09   .534E+09

    .290E+09   .360E+09   .429E+09   .499E+09   .569E+09

（a）水泥环弹性模量为 10GPa

图 7-11　地下储气库运行压力为 15MPa 时的不同水泥环弹性模量的套管有效应力图

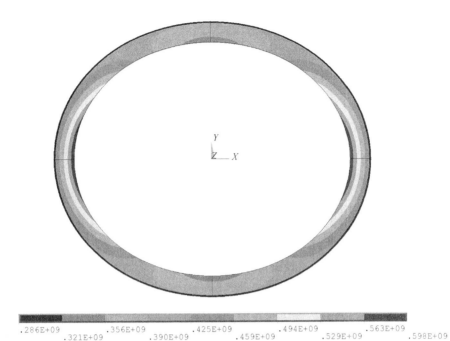

.286E+09　　　.356E+09　　　.425E+09　　　.494E+09　　　.563E+09
　　　.321E+09　　　.390E+09　　　.459E+09　　　.529E+09　　　.598E+09

（b）水泥环弹性模量为 20GPa

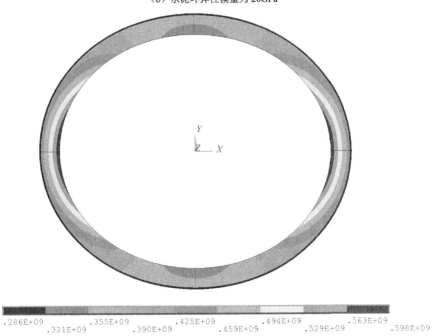

.286E+09　　　.355E+09　　　.425E+09　　　.494E+09　　　.563E+09
　　.321E+09　　　.390E+09　　　.459E+09　　　.529E+09　　　.598E+09

（c）水泥环弹性模量为 30GPa

图 7-11（续）

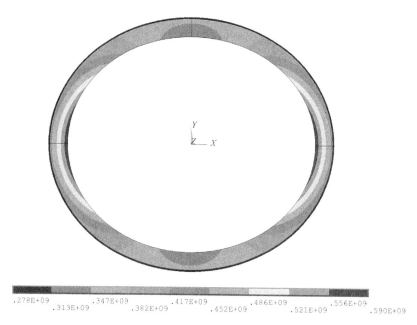

（d）水泥环弹性模量为40GPa

图 7-11（续）

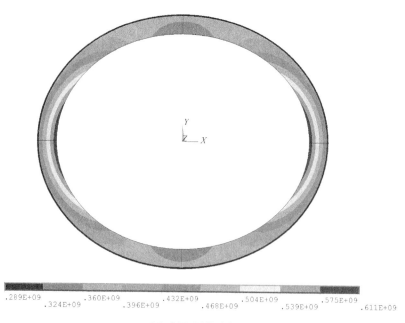

（a）水泥环泊松比为0.1

图 7-12　地下储气库运行压力为 15MPa 时的不同水泥环泊松比的套管有效应力图

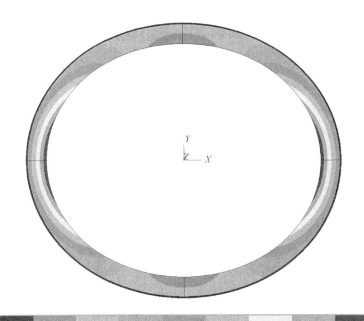

.291E+09　　.361E+09　　.430E+09　　.500E+09　　.569E+09
　.326E+09　　.396E+09　　.465E+09　　.535E+09　　.604E+09

（b）水泥环泊松比为 0.2

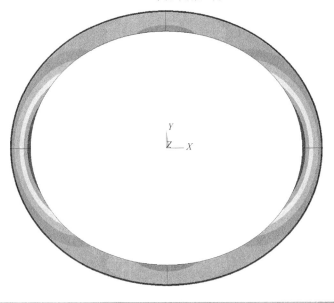

.285E+09　　.353E+09　　.422E+09　　.490E+09　　.559E+09
　.319E+09　　.387E+09　　.456E+09　　.525E+09　　.593E+09

（c）水泥环泊松比为 0.3

图 7-12（续）

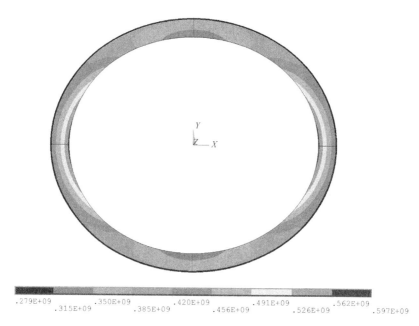

.279E+09　　　　　.350E+09　　　　　.420E+09　　　　　.491E+09　　　　　.562E+09
　　　.315E+09　　　　.385E+09　　　　.456E+09　　　　.526E+09　　　　.597E+09

（d）水泥环泊松比为 0.4

图 7-12（续）

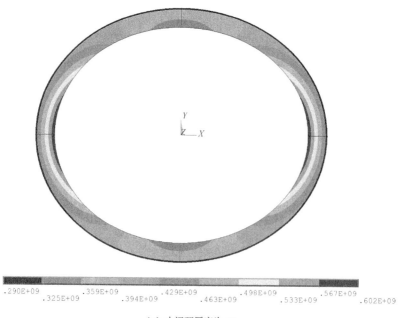

.290E+09　　　　　.359E+09　　　　　.429E+09　　　　　.498E+09　　　　　.567E+09
　　　.325E+09　　　　.394E+09　　　　.463E+09　　　　.533E+09　　　　.602E+09

（a）水泥环厚度为 10mm

图 7-13　地下储气库运行压力为 15MPa 时的不同水泥环厚度的套管有效应力图

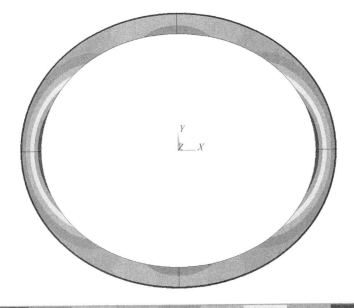

.289E+09　　　.358E+09　　　.428E+09　　　.497E+09　　　.566E+09
　　.324E+09　　　.393E+09　　　.462E+09　　　.532E+09　　　.601E+09

（b）水泥环厚度为 20mm

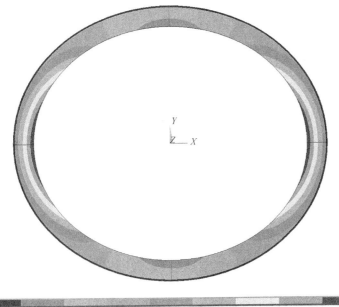

.288E+09　　　.357E+09　　　.427E+09　　　.496E+09　　　.565E+09
　　.323E+09　　　.392E+09　　　.461E+09　　　.530E+09　　　.600E+09

（c）水泥环厚度为 30mm

图 7-13（续）

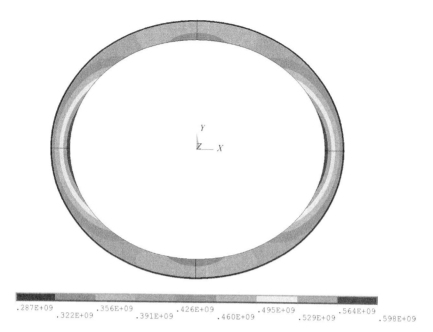

（d）水泥环厚度为40mm

图 7-13（续）

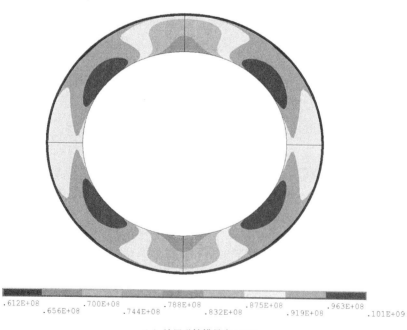

（a）地层弹性模量为10GPa

图 7-14　地下储气库运行压力为 15MPa 时的不同地层弹性模量的水泥环有效应力图

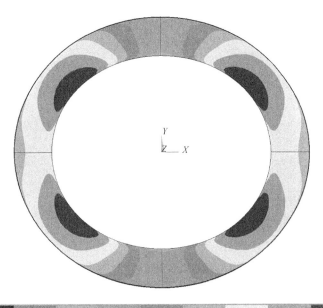

.454E+08　　　.513E+08　　　.573E+08　　　.633E+08　　　.693E+08
　　.483E+08　　　.543E+08　　　.603E+08　　　.663E+08　　　.723E+08

（b）地层弹性模量为 20GPa

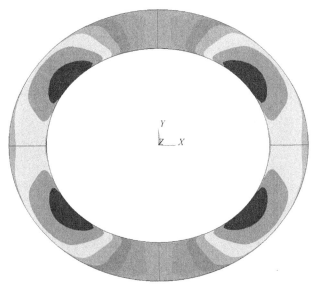

.372E+08　　　.420E+08　　　.468E+08　　　.515E+08　　　.563E+08
　　.396E+08　　　.444E+08　　　.492E+08　　　.539E+08　　　.587E+08

（c）地层弹性模量为 30GPa

图 7-14（续）

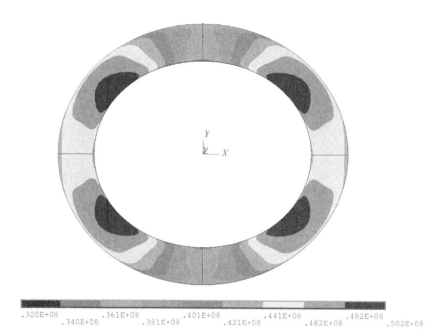

.320E+08　　.361E+08　　.401E+08　　.441E+08　　.482E+08
　　　.340E+08　　.381E+08　　.421E+08　　.462E+08　　.502E+08

（d）地层弹性模量为40GPa

图 7-14（续）

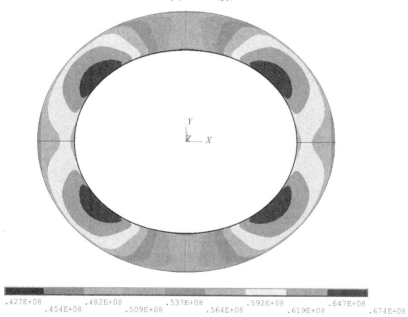

.427E+08　　.482E+08　　.537E+08　　.592E+08　　.647E+08
　　　.454E+08　　.509E+08　　.564E+08　　.619E+08　　.674E+08

（a）地层泊松比为 0.1

图 7-15　地下储气库运行压力为 15MPa 时的不同地层泊松比的水泥环有效应力图

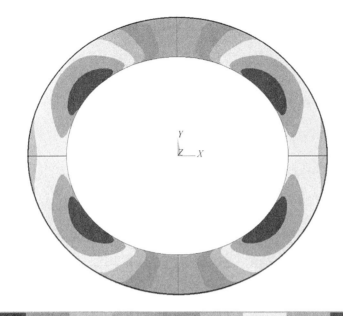

.458E+08　　　.520E+08　　　.582E+08　　　.643E+08　　　.705E+08
　　　.489E+08　　　.551E+08　　　.612E+08　　　.674E+08　　　.736E+08

（b）地层泊松比为 0.2

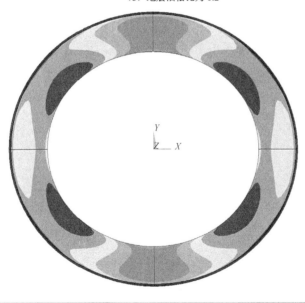

.494E+08　　　.563E+08　　　.632E+08　　　.701E+08　　　.770E+08
　　.529E+08　　　.598E+08　　　.667E+08　　　.735E+08　　　.804E+08

（c）地层泊松比为 0.3

图 7-15（续）

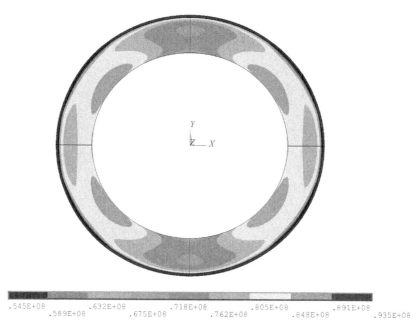

（d）地层泊松比为 0.4

图 7-15（续）

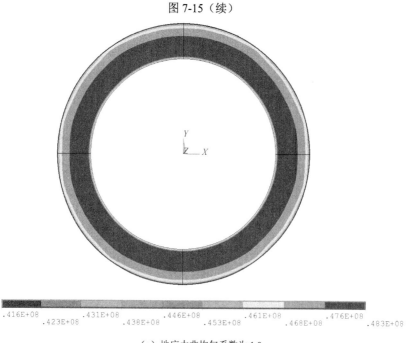

（a）地应力非均匀系数为 1.0

图 7-16　地下储气库运行压力为 15MPa 时的不同地应力非均匀系数的水泥环有效应力图

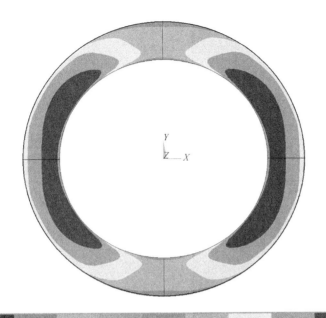

.431E+08　　.460E+08　　.488E+08　　.517E+08　　.545E+08
　　.446E+08　　.474E+08　　.502E+08　　.531E+08　　.559E+08

（b）地应力非均匀系数为 1.2

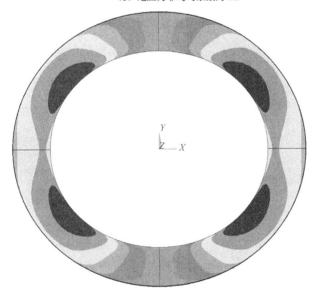

.447E+08　　.496E+08　　.545E+08　　.595E+08　　.644E+08
　　.472E+08　　.521E+08　　.570E+08　　.619E+08　　.669E+08

（c）地应力非均匀系数为 1.4

图 7-16（续）

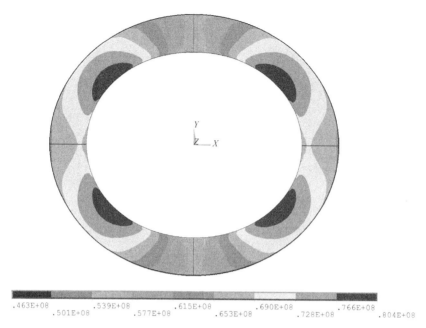

.463E+08　　　.539E+08　　　.615E+08　　　　.690E+08　　　.766E+08
　　　.501E+08　　　.577E+08　　　.653E+08　　　.728E+08　　　.804E+08

（d）地应力非均匀系数为 1.6

图 7-16（续）

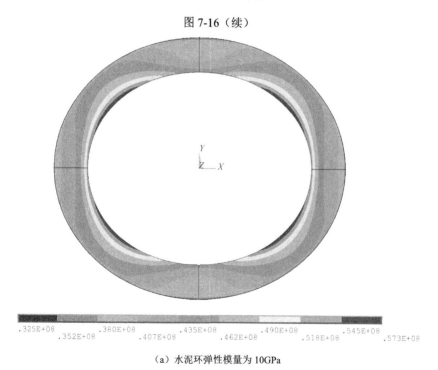

.325E+08　　　.380E+08　　　.435E+08　　　.490E+08　　　.545E+08
　　　.352E+08　　　.407E+08　　　.462E+08　　　.518E+08　　　.573E+08

（a）水泥环弹性模量为 10GPa

图 7-17　地下储气库运行压力为 15MPa 时的不同水泥环弹性模量的水泥环有效应力图

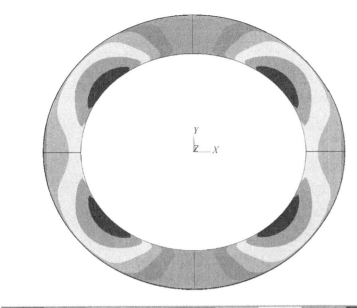

.404E+08　　　.462E+08　　　.520E+08　　　.578E+08　　　.636E+08
　　.433E+08　　　.491E+08　　　.549E+08　　　.607E+08　　　.665E+08

（b）水泥环弹性模量为 20GPa

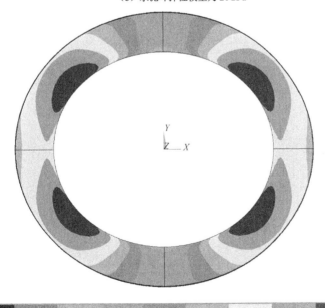

.506E+08　　　.568E+08　　　.630E+08　　　.692E+08　　　.754E+08
　　.537E+08　　　.599E+08　　　.661E+08　　　.723E+08　　　.785E+08

（c）水泥环弹性模量为 30GPa

图 7-17（续）

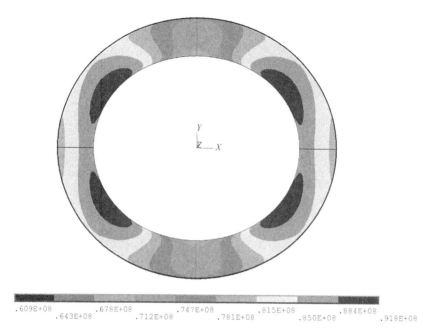

.609E+08　　.678E+08　　.747E+08　　.815E+08　　.884E+08
　　.643E+08　　.712E+08　　.781E+08　　.850E+08　　.918E+08

（d）水泥环弹性模量为40GPa

图 7-17（续）

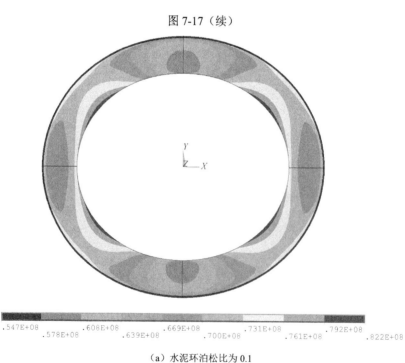

.547E+08　　.608E+08　　.669E+08　　.731E+08　　.792E+08
　　.578E+08　　.639E+08　　.700E+08　　.761E+08　　.822E+08

（a）水泥环泊松比为0.1

图 7-18　地下储气库运行压力为15MPa时的不同水泥环泊松比的水泥环有效应力图

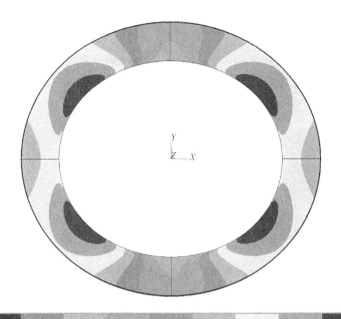

.485E+08　　　.541E+08　　　.598E+08　　　.655E+08　　　.712E+08
　　.513E+08　　　.570E+08　　　.627E+08　　　.683E+08　　　.740E+08

（b）水泥环泊松比为 0.2

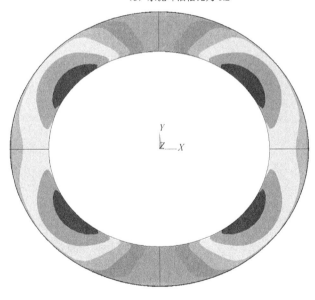

.425E+08　　　.489E+08　　　.554E+08　　　.618E+08　　　.682E+08
　　.457E+08　　　.522E+08　　　.586E+08　　　.650E+08　　　.715E+08

（c）水泥环泊松比为 0.3

图 7-18（续）

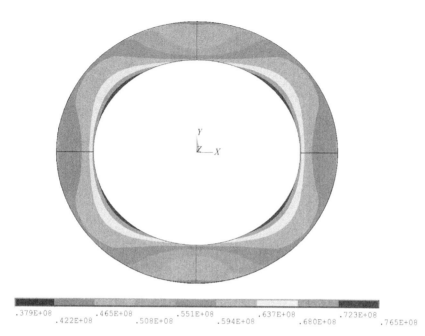

```
.379E+08      .465E+08      .551E+08      .637E+08      .723E+08
     .422E+08      .508E+08      .594E+08      .680E+08      .765E+08
```

（d）水泥环泊松比为 0.4

图 7-18（续）

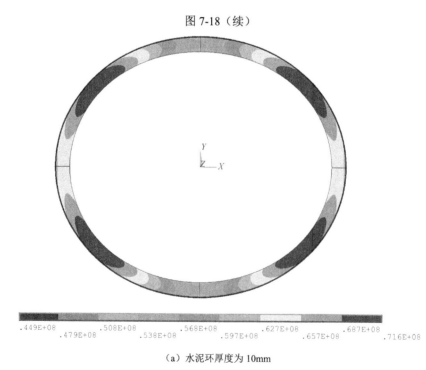

```
.449E+08      .508E+08      .568E+08      .627E+08      .687E+08
     .479E+08      .538E+08      .597E+08      .657E+08      .716E+08
```

（a）水泥环厚度为 10mm

图 7-19　地下储气库运行压力为 15MPa 时的不同水泥环厚度的水泥环有效应力图

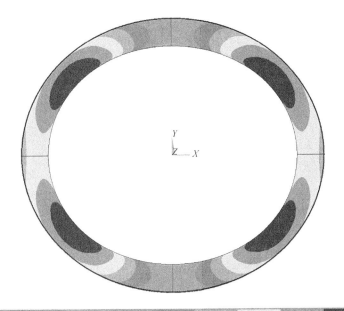

（b）水泥环厚度为 20mm

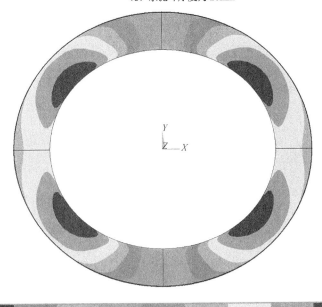

（c）水泥环厚度为 30mm

图 7-19（续）

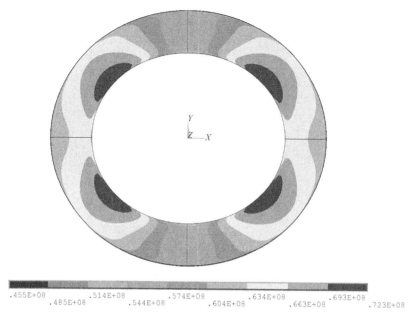

.455E+08　　　　.514E+08　　　　.574E+08　　　.604E+08　　　　.634E+08　　　　.693E+08
　　　.485E+08　　　.544E+08　　　.604E+08　　　.663E+08　　　.723E+08

（d）水泥环厚度为40mm

图 7-19（续）

7.2.1　地层特性对套管强度的影响

图 7-20 为不同地层弹性模量时套管最大有效应力与运行压力的关系曲线。由图 7-20 可以看出，套管的最大有效应力随着地层弹性模量的增加而减小。例如，地下储气库运行压力为 15MPa，地层弹性模量从 10GPa 增加到 40GPa 时，套管的最大有效应力从 857MPa 减小为 399MPa，减小了 53.4%。由此可见，地层的弹性模量对套管的强度影响较大，较大的地层弹性模量对套管的抗挤强度是有利的。

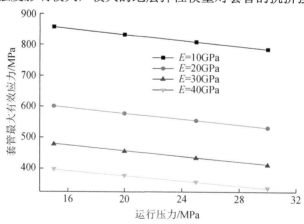

图 7-20　不同地层弹性模量时套管最大有效应力与运行压力的关系曲线

图 7-21 为不同地层泊松比时套管最大有效应力与运行压力的关系曲线。由图 7-21 可以看出，套管的最大有效应力随着地层泊松比的增加而增大。例如，地下储气库运行压力为 15MPa，地层泊松比从 0.1 增加到 0.4 时，套管的最大有效应力从 534MPa 增加为 588MPa，增加了 10.1%。相对于地层弹性模量，地层泊松比对套管的强度影响较小，大的地层泊松比对套管的抗挤强度是不利的。

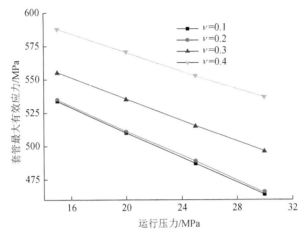

图 7-21　不同地层泊松比时套管最大有效应力与运行压力的关系曲线

图 7-22 为不同地应力非均匀系数时套管最大有效应力与运行压力的关系曲线。由图 7-22 可以看出，套管的最大有效应力随着地应力非均匀系数的增加而增大，如地下储气库运行压力为 15MPa，地应力非均匀系数从 1.0 增加到 1.6 时，套管的最大有效应力从 320MPa 增加为 582MPa，增加了 81.9%。由此可见，非均匀地应力对套管的强度影响显著，在套管设计及应用过程中要高度重视非均匀地应力的影响。

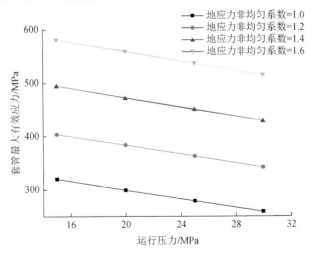

图 7-22　不同地应力非均匀系数时套管最大有效应力与运行压力的关系曲线

7.2.2 水泥环特性对套管强度的影响

图 7-23 为不同水泥环弹性模量时套管最大有效应力与运行压力的关系曲线。由图 7-23 可以看出，套管的最大有效应力随着水泥环弹性模量的增加而增大，但当水泥环弹性模量超过 30GPa 时，套管的最大有效应力随着水泥环弹性模量的增加而逐渐减小，但减幅不大。例如，地下储气库运行压力为 15MPa，水泥环弹性模量从 10GPa 增加到 30GPa 时，套管的最大有效应力从 473MPa 增加为 533MPa，增加了 12.7%；而水泥环弹性模量从 30GPa 增加到 40GPa 时，套管的最大有效应力从 533MPa 减小为 532MPa，仅减小了 1MPa。因此，当地层的弹性模量较大的时，减小水泥环弹性模量对增加套管的抗挤强度是有利的。

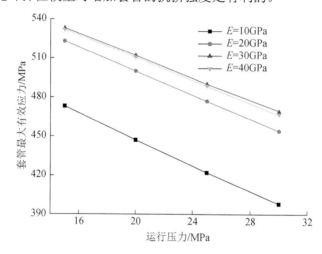

图 7-23　不同水泥环弹性模量时套管最大有效应力与运行压力的关系曲线

图 7-24 为不同水泥环泊松比时套管最大有效应力与运行压力的关系曲线。由图 7-24 可以看出，当泊松比小于 0.3 时，套管的最大有效应力随着水泥环泊松比的增大而减小，但当水泥环泊松比超过 0.3 时，套管的最大有效应力随着水泥环泊松比增加而增大，但增幅不大。例如，地下储气库运行压力为 15MPa，水泥环泊松比从 0.1 增加到 0.3 时，套管的最大有效应力从 538MPa 减小为 531MPa，减小了 1.3%；而水泥环泊松比从 0.3 增加到 0.4 时，套管的最大有效应力从 531MPa 增加为 539MPa，增加了 1.5%。

图 7-25 为不同水泥环厚度时套管最大有效应力与运行压力的关系曲线。由图 7-25 可以看出，套管的最大有效应力随着水泥环厚度的增大而减小。例如，地下储气库运行压力为 15MPa，水泥环厚度比从 10mm 增加到 30mm 时，套管的最大有效应力从 535MPa 减小为 530MPa，减小了 0.9%；而水泥环厚度从 30mm 增加到 40mm 时，套管的最大有效应力从 530MPa 增加为 528MPa，仅减小了 0.4%。

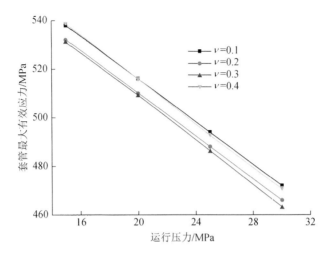

图 7-24　不同水泥环泊松比时套管最大有效应力与运行压力的关系曲线

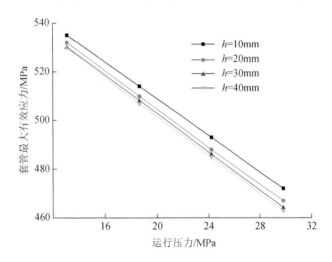

图 7-25　不同水泥环厚度时套管最大有效应力与运行压力的关系曲线

7.2.3　地层特性对水泥环强度的影响

图 7-26 为地下储气库套管内压为 15MPa 时地层弹性模量与水泥环最大有效应力关系曲线。由图 7-26 可以看出，水泥环的最大有效应力随着地层弹性模量的增加而减小。例如，地下储气库运行压力为 15MPa，地层弹性模量从 10GPa 增加到 40GPa 时，水泥环的最大有效应力从 101MPa 减小为 50MPa，减小了 50.5%。由此可见，地层的弹性模量对水泥环的强度影响较大，较大的地层弹性模量对水泥环的抗挤强度是有利的。

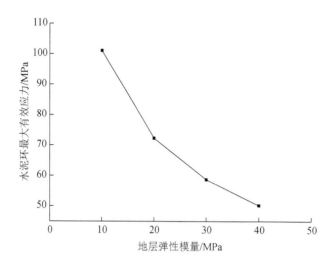

图 7-26　地层弹性模量与水泥环最大有效应力的关系曲线

图 7-27 为地下储气库套管内压为 15MPa 时地层泊松比与水泥环最大有效应力的关系曲线。由图 7-27 可以看出，水泥环的最大有效应力随着地层泊松比的增加而增大。例如，地下储气库运行压力为 15MPa，地层泊松比从 0.1 增加到 0.4 时，水泥环的最大有效应力从 67MPa 增加为 93MPa，增加了 38.8%。相对于地层弹性模量，地层泊松比对水泥环的强度影响较小，大的地层泊松比对水泥环的抗挤强度是不利的。

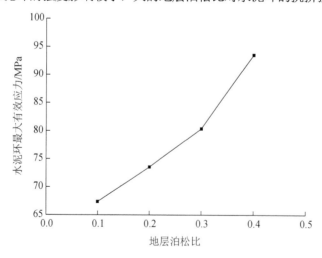

图 7-27　地层泊松比与水泥环最大有效应力的关系曲线

图 7-28 为地下储气库套管内压为 15MPa 时地应力非均匀系数与水泥环最大有效应力的关系曲线。由图 7-28 可以看出，水泥环的最大有效应力随着地应力非均匀系数的增加而增大。例如，地下储气库运行压力为 15MPa，地应力非均匀系

数从 1.0 增加到 1.6 时，水泥环的最大有效应力从 48MPa 增加为 80MPa，增加了 66.7%。由此可见，非均匀地应力对水泥环的强度影响显著，在套管设计及应用过程中要高度重视非均匀地应力的影响。

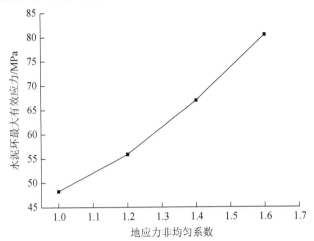

图 7-28　地应力非均匀系数与水泥环最大有效应力的关系曲线

7.2.4　水泥环特性对水泥环强度的影响

图 7-29 为地下储气库套管内压为 15MPa 时水泥环弹性模量与水泥环最大有效应力的关系曲线。由图 7-29 可以看出，水泥环的最大有效应力随着水泥环弹性模量的增加而增大。例如，地下储气库运行压力为 15MPa，水泥环弹性模量从 10GPa 增加到 40GPa 时，水泥环的最大有效应力从 57MPa 增加为 92MPa，增加了 61.4%。

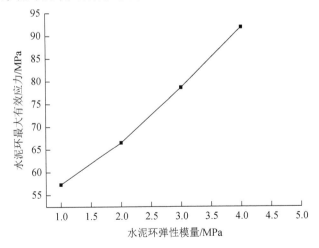

图 7-29　水泥环弹性模量与水泥环最大有效应力的关系曲线

图 7-30 为地下储气库套管内压为 15MPa 时水泥环泊松比与水泥环最大有效应力

的关系曲线。由图 7-30 可以看出，水泥环的最大有效应力随着水泥环泊松比的增大
先减小后增大。例如，地下储气库运行压力为 15MPa，水泥环泊松比从 0.1 增加到 0.3
时，水泥环的最大有效应力从 82MPa 减小为 72MPa，减小了 12.2%；而水泥环泊松
比从 0.3 增加到 0.4 时，水泥环的最大有效应力从 72MPa 增加为 77MPa，增加了 6.9%。

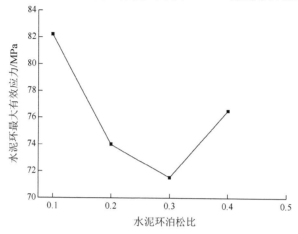

图 7-30　水泥环泊松比与水泥环最大有效应力的关系曲线

　　图 7-31 为地下储气库套管内压为 15MPa 时水泥环厚度与水泥环最大有效应
力的关系曲线。由图 7-31 可以看出，水泥环的最大有效应力随着水泥环厚度的增
大而增大，但当水泥环厚度超过 30mm 时，随着水泥环厚度的增加，水泥环的最
大有效应力保持不变。例如，地下储气库运行压力为 15MPa，水泥环厚度比从
10mm 增加到 30mm 时，水泥环的最大有效应力从 71.6MPa 增加到 72.3MPa，增
加了 1.0%，而水泥环厚度从 30mm 增加到 40mm 时，水泥环的最大有效应力为
72.3MPa，保持不变。

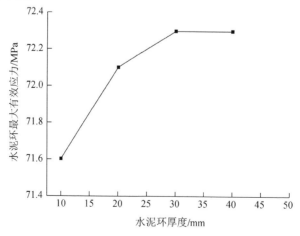

图 7-31　水泥环厚度与水泥环最大有效应力的关系曲线

7.3　本　章　小　结

1）为了研究高压地下储气库套管的安全可靠性，本章建立了套管-水泥环-地层组合模型，分析了注采气工况下地层特性（弹性模量、泊松比和地应力非均匀系数）和水泥环特性（弹性模量、泊松比和水泥环厚度）对套管强度的影响。

2）计算结果表明，无论是套管注气工况还是采气工况，套管的最大有效应力均出现在内壁，与最小水平主应力方向一致。套管的最大有效应力随着地层弹性模量的增加而减小，随着地应力非均匀系数及地层泊松比的增加而增大；当水泥环弹性模量和泊松比分别小于 30GPa 和 0.3 时，套管的最大有效应力随着水泥环弹性模量和泊松比的增加而增大，但当水泥环弹性模量和泊松比分别超过 30GPa 和 0.3 时，套管的最大有效应力随着水泥环弹性模量和泊松比增加逐渐减小，但减幅不大。套管的最大有效应力随着水泥环厚度的增大而减小。

第8章 储层地应力场计算方法简介

8.1 储层岩石地应力测试方法

8.1.1 水力压裂法

水力压裂法[117-121]是目前进行深部绝对应力测量的最直接方法，它是根据施工曲线得到典型点的特征压力，确定出地应力大小的。其基本假设如下。

1）测量段岩石是均质、各向同性的线弹性体，有很低的渗透率。

2）水力压裂的模型可简化为一个无限大岩石平板中有一个圆孔，圆孔孔轴与垂向应力平行，在平板内作用着水平主应力 σ_1、σ_2，σ_r、σ_θ 分别为计算点的径向有效应力和切向有效应力，如图 8-1 所示。

3）水力压裂的初裂缝面是直立平行于孔轴的。

4）有相当长的一段裂缝面和最小水平主应力方向垂直。

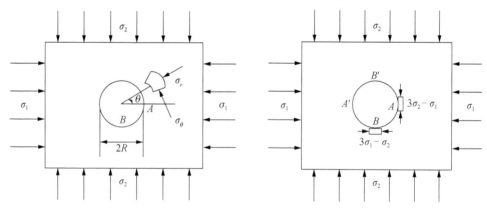

图 8-1　水力压裂法应力测量的基本模型

根据弹性理论，圆孔外任一点 r 处的应力为

$$
\begin{cases}
\sigma_r = \dfrac{\sigma_1 + \sigma_2}{2}\left(1 - \dfrac{R^2}{r^2}\right) + \dfrac{\sigma_1 - \sigma_2}{2}\left(1 - \dfrac{4R^2}{r^2} + \dfrac{3R^4}{r^4}\right)\cos 2\theta \\[2mm]
\sigma_\theta = \dfrac{\sigma_1 + \sigma_2}{2}\left(1 + \dfrac{R^2}{r^2}\right) - \dfrac{\sigma_1 - \sigma_2}{2}\left(1 + \dfrac{3R^4}{r^4}\right)\cos 2\theta \\[2mm]
\tau_{r\theta} = \tau_{\theta r} = -\dfrac{\sigma_1 - \sigma_2}{2}\left(1 + \dfrac{2R^2}{r^2} - \dfrac{3R^4}{r^4}\right)\sin 2\theta
\end{cases}
\tag{8-1}
$$

式中：$\tau_{r\theta}$ ——计算点的剪切应力；

θ ——井眼周围某点与 σ_1 轴的夹角；

R ——圆孔半径；

r ——圆孔外任一点距井轴中心的距离。

在井壁上，即 $r = R$ 处的应力状态为

$$\begin{cases} \sigma_r = 0 \\ \sigma_\theta = (\sigma_1 + \sigma_2) - 2(\sigma_1 - \sigma_2)\cos 2\theta \\ \tau_{r\theta} = \tau_{\theta r} = 0 \end{cases}$$

令 $\theta = 0°$ 和 $\theta = 90°$ 可得到孔壁 A、B 点（图 8-1）处的集中应力分别为

$$\begin{cases} \sigma_A = 3\sigma_2 - \sigma_1 \\ \sigma_B = 3\sigma_1 - \sigma_2 \end{cases}$$

若 $\sigma_1 > \sigma_2$，则 $\sigma_A < \sigma_B$。因此，当圆孔内施加液压使孔壁产生张性破坏时，将在最小切向应力的位置（即 A 点及其对称点）首先发生破裂，破裂将沿着垂直于最小压应力的方向发展。使孔壁产生破裂的外加液压称为破裂压力，记为 P_f。破裂压力 P_f 等于孔壁破裂处的集中应力加上岩石的抗拉强度 σ_t。

$$P_f = 3\sigma_2 - \sigma_1 + \sigma_t \tag{8-2}$$

在垂直孔中测量原地应力时，设垂直于钻孔轴线的横截面内最小、最大水平主应力分别为 σ_h、σ_H，考虑岩石自然状态下的孔隙压力（地层孔隙压力）P_p，对封隔段岩孔注水增压到 P_f 使孔壁破裂，将式（8-2）中集中应力换为原岩主应力，此时有以下关系：

$$P_f = 3\sigma_h - \sigma_H - P_p + \sigma_t$$

在测量中被封闭的孔段在孔壁破裂后，若继续注液加压，裂缝将向纵深处扩展。若在地层压裂后，瞬时停泵，此时裂缝将停止延伸，在地应力场的作用下被高压液涨破的裂缝渐渐趋于闭合，在裂缝处于临界闭合状态时钻孔中的平衡压力称为瞬时停泵压力，记作 P_s，它等于垂直于裂缝面的最小水平主应力，即

$$P_s = \sigma_h$$

若瞬时关闭压力为井口压力，这时压裂层段的最小水平主应力等于瞬时停泵地面压力 P_{ls} 与井孔中液柱压力 P_h 的和，即

$$\sigma_h = P_{ls} + P_h$$

瞬时停泵后重新启动泵，从而使闭合的裂缝重新张开，由于张开闭合裂缝重张压力 P_r 与 P_f 相比，不需克服岩石的抗拉强度 σ_t，因此可以近似地认为破裂层位的拉伸强度等于这两个压力的差值，即

$$\sigma_t = P_f - P_r$$

P_f、P_s 和 P_r 的压力值可以从水力压裂法的压力曲线（图 8-2）中直接得到。

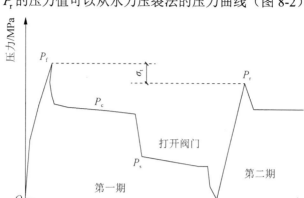

图 8-2　水力压裂法的典型曲线图

将读取的数值进行校正后，即可反算地层水平地应力，即

$$\begin{cases} \sigma_h = P_s \\ \sigma_H = 3\sigma_h - P_f - P_p + \sigma_t \\ \sigma_t = P_f - P_r \end{cases} \qquad (8\text{-}3)$$

垂向应力计算公式为

$$\sigma_v = \gamma g H$$

式中：γ ——上覆岩石平均容重；

H ——测点处埋深；

g ——重力加速度。

8.1.2　差应变分析法[122-124]

岩芯在地层深处由于地应力作用处于压缩状态，含有的天然裂隙也处于闭合状态。将岩芯取到地面后，应力解除将引起岩芯膨胀，导致产生许多新的微裂缝。这些微裂缝张开的程度和产生的密度、方向与岩芯所处就地环境应力场的状态有关，是地下应力场的反映。对岩芯加压进行不同方向的差应变分析，可以得到最大与最小主应力在空间的方向，这种方法称为差应变分析法。差应变分析法的测试基于下列假设：①所有的微裂缝都是由就地压缩应力的释放而产生的，并与主应力方向一致；②如果地层是各向同性的，当可以独立地得到一个主地应力值时，主应变比值可以用来获得就地应力的值。

实验室中，对岩样进行静水加压，由于应力释放而产生的微裂缝将首先闭合。裂缝闭合后继续加压，这时产生的变形是岩石固体变形（由骨架压缩引起的变形）。图 8-3 是岩样加载后测得的应变-应力变化关系的典型曲线。曲线分为两部分：第一部分是微裂缝闭合和岩石骨架压缩共同引起的应变，第二部分是岩石固体变形引起的应变，曲线的斜率较小。两部分斜率之差反映了单独由微裂缝闭合而引起的应变。通过区别这些变形可判断微裂缝对方向变形的贡献，也就可以求出最大主应变（即最大主应力）的方向。

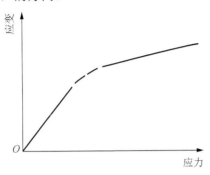

图 8-3　典型的应力-应变关系曲线

1. 岩样制备

在所取直径为 100mm 左右的岩芯圆柱面上绘制出与岩芯轴线平行的标志线，截取一段，加工制成边长为 60mm 的正方体，把标志线移到正方体的侧面上。依据标志线选定坐标系，如图 8-4 所示。在正方体的 3 个相互垂直的面上贴上 3 组应变花，并依次对每个应变花上的应变片按逆时针方向进行编号。

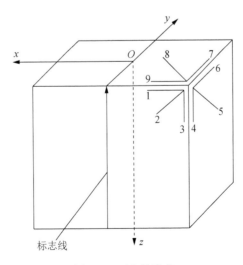

图 8-4　正方体岩芯

岩样用聚四氟乙烯制成的塑料套套住，将焊在应变片上的接线引出，然后将用真空装置调制好的硅胶灌入塑料套内，待硅胶干后就可以用于差应变分析的试验中了。

2. 试验过程与计算方法

将制备好的岩样安置在三轴岩石力学测试系统的压力舱内，加静水压力，直到超过岩样所在地层的水平应力，对应每 1 组应变可得到 3 条应变与压力关系的曲线。用线性回归的方法，可求得两段曲线的斜率，分别为 θ_i 与 ξ_i，令 $\varepsilon_i = \theta_i - \xi_i$（$i=1,2,\cdots,9$），即为微裂缝闭合引起的应变变化。根据得到的 ε_i 可计算相应于固结在岩芯坐标系压力 P 上的 6 个应变分量：ε_x、ε_y、ε_z、ε_{xy}、ε_{yz}、ε_{xz}，即

$$
\begin{cases}
\varepsilon_x = \dfrac{1}{2}(\varepsilon_1 + \varepsilon_9) \\[2mm]
\varepsilon_y = \dfrac{1}{2}(\varepsilon_7 + \varepsilon_6) \\[2mm]
\varepsilon_z = \dfrac{1}{2}(\varepsilon_3 + \varepsilon_4) \\[2mm]
\varepsilon_{xy} = 2\varepsilon_8 - \varepsilon_x - \varepsilon_y \\[2mm]
\varepsilon_{yz} = 2\varepsilon_5 - \varepsilon_y - \varepsilon_z \\[2mm]
\varepsilon_{zx} = 2\varepsilon_2 - \varepsilon_z - \varepsilon_x
\end{cases}
\tag{8-4}
$$

式中：ε_x、ε_y、ε_z——x、y、z 方向的主应变；

ε_{xy}、ε_{yz}、ε_{zx}——平面上的剪应变。

3 个主应变的大小是下列三次方程的 3 个根：

$$
\varepsilon^3 - I_1\varepsilon^2 + I_2\varepsilon - I_3 = 0
\tag{8-5}
$$

式中：

$$
\begin{cases}
I_1 = \varepsilon_x + \varepsilon_y + \varepsilon_z \\[2mm]
I_2 = \varepsilon_y\varepsilon_z + \varepsilon_z\varepsilon_x + \varepsilon_x\varepsilon_y - \dfrac{1}{4}(\varepsilon_{yz}^2 + \varepsilon_{zx}^2 + \varepsilon_{xy}^2) \\[2mm]
I_3 = \varepsilon_x\varepsilon_y\varepsilon_z - \dfrac{1}{4}(\varepsilon_x\varepsilon_{yz}^2 + \varepsilon_y\varepsilon_{zx}^2 + \varepsilon_z\varepsilon_{xy}^2) + \dfrac{1}{4}\varepsilon_{yz}\varepsilon_{zx}\varepsilon_{xy}
\end{cases}
\tag{8-6}
$$

解出的 3 个根 ε_{11}、ε_{22}、ε_{33} 即为主应变大小。

可利用下列方程求出主应变 ε_{ii} 相应的方向余弦 l_i、m_i、n_i。

$$
\begin{cases}
(\varepsilon_x - \varepsilon_{ii})l_i + \dfrac{1}{2}\varepsilon_{xy}m_i + \dfrac{1}{2}\varepsilon_{xz}n_i = 0 \\[2mm]
\dfrac{1}{2}\varepsilon_{xy}l_i + (\varepsilon_y - \varepsilon_{ii})m_i + \dfrac{1}{2}\varepsilon_{yz}n_i = 0
\end{cases}
\tag{8-7}
$$

利用 $l_i^2 + m_i^2 + n_i^2 = 1$，最后可解得

$$
\begin{cases}
n_i = \dfrac{1}{\sqrt{\left(\dfrac{l_i}{n_i}\right)^2 + \left(\dfrac{m_i}{n_i}\right)^2 + 1}} \\[4mm]
l_i = n_i \dfrac{\Delta_1^i}{\Delta^i} \\[3mm]
m_i = n_i \dfrac{\Delta_2^i}{\Delta^i}
\end{cases}
\tag{8-8}
$$

式中：

$$
\begin{cases}
\Delta^i = \begin{vmatrix} \varepsilon_x - \varepsilon_{ii} & \dfrac{1}{2}\varepsilon_{xy} \\[3mm] \dfrac{1}{2}\varepsilon_{xy} & \varepsilon_y - \varepsilon_{ii} \end{vmatrix} \\[8mm]
\Delta_1^i = \begin{vmatrix} -\dfrac{1}{2}\varepsilon_{xx} & \dfrac{1}{2}\varepsilon_{xy} \\[3mm] -\dfrac{1}{2}\varepsilon_{yz} & \varepsilon_y - \varepsilon_{ii} \end{vmatrix} \\[8mm]
\Delta_2^i = \begin{vmatrix} \varepsilon_x - \varepsilon_{ii} & \dfrac{1}{2}\varepsilon_{xx} \\[3mm] \dfrac{1}{2}\varepsilon_{xy} & -\dfrac{1}{2}\varepsilon_{yz} \end{vmatrix}
\end{cases}
\tag{8-9}
$$

方程（8-9）求得的 l_i、m_i、n_i（$i=1,2,3$）是 3 个主应变的方向余弦。由此可求得 3 个主应变方向与固结在岩样上的坐标系的 x 轴、y 轴、z 轴（即相对于标志线）的夹角 α_i、β_i、γ_i（$i=1,2,3$）。

8.1.3　古地磁岩芯定向基本方法[123-125]

1. 测试岩样的制备

先将断开的岩芯按照原样组合在一起，在岩芯柱面上绘一条平行于岩芯轴线并标有方向的标志线，如图 8-5 所示。将截取的岩芯加工制成直径 25mm、高 25mm 的标准试样。步骤是将圆柱面标志线延伸到岩芯截面上，然后在截面上绘出多条平行于标志线的线，以保证最终试样绘有标志线。将绘制标志线的大岩芯置于钻床上，调好水平夹，沿轴向钻取小岩芯，再切成直径为 25mm、高为 25mm 的标准样品。将端面上的平行标志线过轴心绘于圆柱面上，此时标准试样绘制完毕。

2. 剩磁的测定和统计

古地磁岩芯定向测量是以水平分量确定北极方位的。它采用坐标系右手法则，

z 轴向下为正。磁偏角 D 体现地理北极方位角（图 8-6）。因为 x 轴通过标志线，D 是水平向量 $\boldsymbol{H}$ 与 x 轴的夹角，所以 D 决定标志线的地理方位。

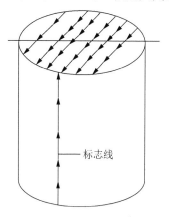

图 8-5　古地磁的岩样制备　　　　　图 8-6　古地磁岩样的坐标系

首先从要测的一批试样中抽出两三个试样进行磁化强度和磁清晰探测试验，随后即可确定测试方案和程序。

测试样品一般要通过磁力仪（小旋转和超导磁力仪）交变退磁和热退磁，按步骤分段进行测定处理。热退磁分段间隔一般为 30～50℃，交变退磁分段间隔一般为 30～50Oe（1Oe=79.5775A/m）。岩芯的剩磁强度向量方向，在低温段（小于 350℃）或矫顽力较低阶段（退磁场强度小于 350Oe）一般表现为黏滞剩磁；高温段（大于 350℃）或矫顽力大于 350Oe 阶段，剩磁强度向量方向趋于原生剩磁方向。这一点对确定岩芯定向方向很重要。

通过黏滞剩磁定向，测定的磁偏角 D 可直接转为地理北极方向（在钻取岩芯倾角很小的情况下），不用考虑地质年代、当地磁偏角和采用地质露头进行测定比较等复杂过程，是目前推崇的钻井岩芯定向方法。而它的磁倾角表达式为

$$\tan I = 2\tan L \tag{8-10}$$

式中：I ——黏滞剩磁磁倾角；

L ——取样地点纬度。

因此，如果取样地点纬度已知，就可在相关温度内（低于 350℃），通过筛选向量方法分离黏滞剩磁，其中总有某一个倾角接近于地球中心偶极磁场值，然后校正向量偏角，由此确定岩芯原始方位。

对于原生剩磁定向，由于地壳活动、板块运动，岩芯剩磁定向的磁北极已产生变化（一般称为虚移磁极），这时必须要考虑地质年代、地质露头及测定点磁偏角等因素。相对而言，岩芯定向要复杂一些。但是对一些特殊研究及验证黏滞剩磁定向准确性，用原生剩磁定向是十分必要的。

古地磁岩芯剩磁向量测定由计算机进行程序控制，并把测试结果绘制成各种图件，其中有退磁过程曲线、单样测试正交投影图等，通过观察这些图件，可清楚了解到测试过程、剩磁强度和水平向量变化规律。

为了确定岩芯剩磁向量的平均方向，一般用费希尔统计方法，以便得到一组样品的测试结果。

在费希尔统计中，一般采用代数的方法求矢量的平均方向。假定从所有样品组成的母体中随机抽取 N 个样品，测得特征剩磁向量的倾角和偏角分别为 I_i 和 D_i（$i=1,2,3,\cdots,N$）。在直角坐标系中，单位矢量在每个轴的方向余弦如图 8-7 所示，其计算公式为

$$\begin{cases} x = \cos D \cos I \\ y = \sin D \cos I \\ z = \sin I \end{cases} \qquad (8\text{-}11)$$

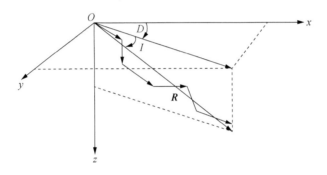

图 8-7　单位矢量在每个轴的方向余弦

将 N 个样品的特征剩磁向量的方向余弦相加，得合成向量的长度为

$$\boldsymbol{R}^2 = \left(\sum_{i=1}^{N} x_i\right)^2 + \left(\sum_{i=1}^{N} y_i\right)^2 + \left(\sum_{i=1}^{N} z_i\right)^2 \qquad (8\text{-}12)$$

3 个平均方向余弦为

$$\begin{cases} \overline{l} = \dfrac{\displaystyle\sum_{i=1}^{N} x_i}{\boldsymbol{R}} \\[4mm] \overline{m} = \dfrac{\displaystyle\sum_{i=1}^{N} y_i}{\boldsymbol{R}} \\[4mm] \overline{n} = \dfrac{\displaystyle\sum_{i=1}^{N} z_i}{\boldsymbol{R}} \end{cases} \qquad (8\text{-}13)$$

岩样最终测定的平均剩磁向量方向的偏角 $\overline{D}$ 和倾角 $\overline{I}$ 分别为

$$\begin{cases} \overline{D} = \tan^{-1} \dfrac{\overline{m}}{\overline{l}} \\ \overline{I} = \sin^{-1} \overline{n} \end{cases} \qquad (8\text{-}14)$$

3. 剩磁向量测定精度和离散度估计

根据费希尔统计方法，得到结果后，可用均方根误差和费希尔统计来估计它们的精度和离散度。对参加统计的一组矢量，费希尔仿照三维空间的高斯分布，把这些向量当作单位球面上的点，给出概率分布，即

$$P = \frac{K}{4\pi \sin\theta} \exp(K\cos\theta) \qquad (8\text{-}15)$$

式中：θ——样品的观察方向与密度最大值方向之间的夹角；

　　　K——最佳估计值，当 $K > 3$ 时，有

$$K = \frac{N-1}{N-R} \qquad (8\text{-}16)$$

其中：N——参加统计的样品个数；

　　　R——合矢量长度。

平均方向的可靠程度，可通过测定球面上一个圆（置信圆）的半径 α 来确定，其圆心在观察到的平均方向上，其方向落在该圆内的概率为（$1-P$），其 $\alpha_{(1-p)}$ 的值为

$$\alpha_{(1-p)} = \cos^{-1}\left[1 - \frac{N-R}{R}\left(P^{\frac{1}{N-1}} - 1\right)\right] \qquad (8\text{-}17)$$

通常取概率 $P=0.05$，α_{95} 又称为 95% 置信圆锥半顶角。因此可用 K 和 α_{95} 这两个精度参数（K 值越大，精度越高，α_{95} 越小越可靠）来度量一组呈费希尔分布的方向或极的平均方向的可靠程度。

8.1.4　其他地应力剖面计算模式

地应力剖面计算是假定现今地应力与现今地质环境和岩石力学特性具有对应关系，根据地应力分布规律和影响地应力诸多因素的分析，建立起地应力计算的半经验公式（模式），利用测井资料计算模式中的各参数，并计算得到地层的地应力数据。地应力计算模式为能反映地应力物理本质和实际规律的计算公式，习惯上被称为地应力计算模式。

到目前为止，人们已提出了一些地应力计算模式，并取得了一些进展。计算模式中对于垂向应力的确定，大家普遍采用垂向应力 σ_v 等于上覆岩层质量的假设，即

$$\sigma_{\mathrm{v}} = \int_0^H \rho(h) g \mathrm{d}h \qquad (8\text{-}18)$$

垂向有效应力为

$$\sigma_{\mathrm{v}}' = \sigma_{\mathrm{v}} - \alpha P_{\mathrm{p}} \qquad (8\text{-}19)$$

在确定的垂向应力的基础上，发展了以下几种水平应力计算模型。

1. 黄氏模式

1983 年，中国石油大学黄荣樽教授在进行地层破裂压力预测新方法的研究时，提出了一个新的地应力预测模式，即

$$\begin{cases} \sigma_{\mathrm{h}} - \alpha P_{\mathrm{p}} = \dfrac{\nu}{1-\nu}(\sigma_{\mathrm{v}} - \alpha P_{\mathrm{p}}) + \beta_1(\sigma_{\mathrm{v}} - \alpha P_{\mathrm{p}}) \\[3mm] \sigma_{\mathrm{H}} - \alpha P_{\mathrm{p}} = \dfrac{\nu}{1-\nu}(\sigma_{\mathrm{v}} - \alpha P_{\mathrm{p}}) + \beta_2(\sigma_{\mathrm{v}} - \alpha P_{\mathrm{p}}) \end{cases} \qquad (8\text{-}20)$$

黄氏模式认为，地下岩层的地应力主要由上覆岩层压力和水平方向的构造应力构成，且水平方向的构造应力与上覆岩层的有效应力成正比。在同一断块内系数 β_1、β_2 为常数，即构造应力与垂向有效应力成正比。

2. 组合弹簧模式

1988 年，中国石油大学有学者在黄氏模式的基础上，假设岩石为均质、各向同性的线弹性体，并假定在沉积和后期地质构造运动过程中，地层和地层之间不发生相对位移，所有地层两水平方向的应变均为常数。由广义胡克定律得

$$\begin{cases} \sigma_{\mathrm{h}} - \alpha P_{\mathrm{p}} = \dfrac{\nu}{1-\nu}(\sigma_{\mathrm{v}} - \alpha P_{\mathrm{p}}) + \dfrac{E\varepsilon_{\mathrm{h}}}{1-\nu^2} + \dfrac{\nu E\varepsilon_{\mathrm{H}}}{1-\nu^2} \\[3mm] \sigma_{\mathrm{H}} - \alpha P_{\mathrm{p}} = \dfrac{\nu}{1-\nu}(\sigma_{\mathrm{v}} - \alpha P_{\mathrm{p}}) + \dfrac{E\varepsilon_{\mathrm{H}}}{1-\nu^2} + \dfrac{\nu E\varepsilon_{\mathrm{h}}}{1-\nu^2} \end{cases} \qquad (8\text{-}21)$$

式中：ε_{h}、ε_{H}——岩层在最小和最大水平应力方向的应变，在同一断块内 ε_{h}、ε_{H} 为常数。

组合弹簧模式意味着地应力不但与泊松比有关，而且与地层岩石的弹性模量有关，地应力与弹性模量成正比，可对有的砂岩层比相邻的页岩层有更高的地应力的现象做出解释。

3. 葛氏模型[117,126-127]

葛洪魁提出了一组地层应力经验关系式，分别适用于水力压裂垂直缝和水平缝。适用于水力压裂裂缝为垂直裂缝（最小地应力在水平方向）的模式公式为

$$
\begin{cases}
\sigma_v = \int_0^H \rho(\mathrm{h})g\mathrm{d}h \\
\sigma_h = \dfrac{\nu}{1-\nu}\left(\sigma_v - \alpha P_p\right) + K_h\dfrac{EH}{1+\nu} + \dfrac{\alpha_T E \Delta T}{1-\nu} + \alpha P_p \\
\sigma_H = \dfrac{\nu}{1-\nu}\left(\sigma_v - \alpha P_p\right) + K_H\dfrac{EH}{1+\nu} + \dfrac{\alpha_T E \Delta T}{1-\nu} + \alpha P_p
\end{cases}
\tag{8-22}
$$

适用于水力压裂裂缝为水平裂缝（最小地应力在垂直方向）的模式公式为

$$
\begin{cases}
\sigma_v = \int_0^H \rho(h)g\mathrm{d}h \\
\sigma_h = \nu\dfrac{\nu}{1-\nu}(\sigma_v - \alpha P_p) + K_h\dfrac{EH}{1+\nu} + \dfrac{\alpha_T E \Delta T}{1-\nu} + \alpha P_p + \Delta\sigma_h \\
\sigma_H = \nu\dfrac{\nu}{1-\nu}(\sigma_v - \alpha P_p) + K_H\dfrac{EH}{1+\nu} + \dfrac{\alpha_T E \Delta T}{1-\nu} + \alpha P_p + \Delta\sigma_H
\end{cases}
\tag{8-23}
$$

式中：σ_v、σ_h、σ_H——垂向应力、最小水平主应力和最大水平主应力；

E、α_T——地层岩石弹性模量、线膨胀系数；

H、ΔT——地层深度、计算深度处地层温度的变化；

g、h、ρ——重力加速度、深度变量和深度处的地层密度；

K_h、K_H——最小、最大水平主应力方向的构造系数，在同一区块内可视为常数；

$\Delta\sigma_h$、$\Delta\sigma_H$——考虑地层剥蚀影响的最小和最大水平附加量，同一地区内可视为常数；

ν——地层岩体泊松比，又称横向压缩系数，即横向相对压缩与纵向相对伸长之比；

α——有效应力系数，即地层压力对地层的贡献系数，也称为毕奥系数，它是由岩石的体积压缩系数及骨架的体积压缩系数计算而来的，α 大于 0 小于 1。

8.2　优化反分析计算地应力

　　地应力场问题的边界条件、加载方式是地应力场分析的难题，由于构造运动未知和地质构造复杂，无法直接求解。边界力反演是进行地应力场研究的重要手段。从地质力学观点看，构造应力场是指形成构造体系和构造型式的地应力场，包括构造体系和构造型式所展布的地区，连同它内部在形成这些构造体系和构造型式时的应力分布状况，它是确定构造体系或构造型式的必要步骤之一。构造应力场分析过程中自重应力和构造应力的计算精度是不同的，岩体的容重可以较为准确地确定，它的变化范围相对较小。根据地形条件，用有限元法计算自重应力在精度上满足工程要求，不必对它进行反演，可视为已知值。而构造应力场计算的情况却有所不同[128]。在储层开发中，迫切需要知道地应力场沿平面的分布状态，但工程中通常所知道的仅是某一区域少数几口井的地应力测量资料，而要知道整个区域的应力场状态，就需进行反演外推。目前在地应力场数值模拟和分析中，应用较多的构造应力数值分析方法是边界载荷试凑法或边界载荷调整法[129-132]。由于地质构造的复杂性和地应力资料的有限性，地应力场研究的边界条件、加载方式等成为数值模拟方法中计算分析的难题。这其中存在的突出问题是，如何提高反演计算精度和数据可靠性。对于地应力场的模拟而言，以现场实测数据为基础，考虑地形、地质等方面的特点根据相应的理论或数值分析进行反分析、回算和模拟，以推断构造应力量值和构造应力模式是一种重要而又较为有效的途径[133]。本节提出的边界载荷识别优化方法，直接以应力测试资料为参数，采用阻尼最小二乘法逼近载荷值，算法的迭代初值采用单位载荷法，使该算法不受地层的几何构造特征和边界条件限制，实现了以控制观测点误差来进行地应力场不确定未知边界载荷的识别，较好地解决了地应力场边界载荷的反演问题。本节为提高地应力场反演计算精度和数据可靠性进行了有益的尝试。

地质构造及边界条件等较为复杂，难以得到地层对边界载荷相应的解析解，为了使研究的方法具有普遍的适用性，对地层进行力学分析时采用有限元法。将储层应力场视为弹性问题，对于某一研究区域，在外加荷载的作用下，其内部将产生位移场、应力场和应变场，小变形的弹性力学问题的基本方程如下。

1）平衡微分方程为

$$L^T \sigma + Q = 0 \tag{8-24}$$

式中：L——微分算子矩阵；

σ——应力矩阵；

Q——体积力矩阵。

2）几何方程为

$$\varepsilon = LU \tag{8-25}$$

式中：U——节点位移阵；

ε——应变矩阵。

3）物理方程为

$$\sigma = D\varepsilon \tag{8-26}$$

式中：D——弹性矩阵，它完全取决于地层的弹性模量 E 和泊松比 ν。

一般有限元计算式为

$$KU = F(X) \tag{8-27}$$

式中：K——总体刚度矩阵；

$F(X)$——边界载荷列阵；

X——描述储层所承受边界载荷的参数向量。

式（8-27）变换为

$$U = K^{-1}F(X) \tag{8-28}$$

将式（8-25）代入式（8-26），可得

$$\sigma = DLU \tag{8-29}$$

将式（8-28）代入式（8-29），可得

$$\sigma = DLK^{-1}F(X) \tag{8-30}$$

令 $T = DLK^{-1}$，此时 T 即为节点应力矩阵与边界载荷列阵之间的理论传递矩阵。由式（8-30）可以得到节点应力与边界载荷满足如下关系：

$$\sigma = TF(X) \tag{8-31}$$

对于线弹性体，储层有限元结构模型确定后，T 即可认为是确定的。由于载荷是未知参数，所以 $F(X)$ 未知。由于在待研究区块储层中只有部分气井的应力值已知，因此 σ 也只有部分已知，一般情况下不可能通过式（8-41）求出边界载荷参数向量 X。

8.2.1 优化方法

地应力场反演就是在一定的准则下寻找能够最优拟合实际观测数据的模型或参数，是一个数据拟合问题，实质上也是最优化问题。反演解与衡量数据拟合程度的最优准则密切相关，它是这一最优准则下的最优解。若对所研究的区域或区块，已做过相关学科的研究，则往往有一定程度了解，即对模型参数具备了一些先验信息。利用这些先验信息，可对优化准则或参数加以约束。储层应力场获取的观测数据通常为区域部分井的测井、压裂、井壁崩落或岩芯测试等的应力，反演即为应力反演。若采用最小二乘法作为最优化准则，则应力反演的准则（或目标函数）表示成如下两个模型。

1）约束模型。若已知研究区域或区块储层的水平应力测试值 σ_L、有限元计算应力场模拟值 σ，则模型可表示为

$$\begin{cases} \min \Phi(X) = [\sigma - \sigma_L]^T[\sigma - \sigma_L] \\ h_1 \leqslant \Phi(X) \leqslant h_2 \\ a_i \leqslant X_i \leqslant b_i \end{cases} \tag{8-32}$$

式中：X——边界载荷参数向量；

h_1、h_2——根据先验知识确定的边界载荷参数函数的上、下界；

a_i、b_i——根据先验知识确定的边界载荷参数的上、下界。

2）无约束模型。当式（8-32）中的约束条件不存在时，即为无约束模型，则有

$$\min \Phi(X) = [\sigma - \sigma_L]^T [\sigma - \sigma_L] \qquad (8-33)$$

8.2.2　反演算法[68]

求解上述反问题的基本思路是，先预置边界载荷的参数向量 X，采用有限元分析方法计算该边界载荷参数向量 X 作用下储层的应力响应值，使其在最小二乘意义下逼近储层部分井点的实测值。求解式（8-32）或式（8-33）的最小二乘问题一般采用高斯-牛顿法，但有时会产生方程系数矩阵的病态，并出现迭代效率低和搜索方向假收敛等问题，本节采用阻尼最小二乘法逼近边界载荷参数向量 X。阻尼最小二乘法同时具有梯度下降法和高斯-牛顿法的优点，寻优速度较快且具有较高精度。当阻尼因子 λ_k 初值很小时，步长等于高斯-牛顿法步长；而当阻尼因子 λ_k 初值很大时，步长约等于梯度下降法的步长。

在第 k 步迭代时，记应力响应列向量为 σ^k、边界载荷列向量为 X^k，将应力响应列向量 σ^k 在边界载荷列向量为 X^k 的邻域内展开成级数形式，并略去二阶以上微量得

$$\sigma^k = \sigma^{k-1} + \frac{\partial \sigma}{\partial X}(X^k - X^{k-1}) = \sigma^{k-1} + J(X^k - X^{k-1}) \qquad (8-34)$$

式中：J——应力响应列向量 σ^k 在边界载荷列向量 X^k 处的雅克比矩阵，可通过有限差分法近似求得，即

$$J_{ij} = \frac{\partial \sigma_i}{\partial X_j} \approx \frac{\Delta \sigma_i}{\Delta X_j} = \frac{\sigma_i(X_1, X_2, \cdots, X_j + \Delta X_j, \cdots, X_n)}{\Delta X_j} - \frac{\sigma_i(X_1, X_2, \cdots, X_j, \cdots, X_n)}{\Delta X_j}$$

$$(8-35)$$

其中：σ_i 通过式（8-30）计算求得。

阻尼最小二乘法使用的搜索方向是一组线性等式的解，迭代公式为

$$\left[J^T(X^{(k)}) J(X^{(k)}) + \lambda_k I \right] \Delta X^{(k)} = -J^T(X^{(k)})[\sigma^{k-1} - \sigma_L] \qquad (8-36)$$

式中：ΔX——参数向量 X 的搜索方向向量；

I——单位矩阵；

λ_k——阻尼因子，在迭代过程中控制 $\Delta X^{(k)}$ 的方向与大小，当 λ_k 等于零时，$\Delta X^{(k)}$ 的方向与高斯-牛顿法的结果一致；当 λ_k 趋于无穷时，由式（8-36）可以得到

$$\left[J^{\mathrm{T}}(X^{(k)})J(X^{(k)}) + \lambda_k I \right] \Delta X^{(k)} \approx \lambda_k I \Delta X^{(k)} = -J^{\mathrm{T}}(X^{(k)})[\sigma^{k-1} - \sigma_{\mathrm{L}}]$$

从而有

$$\Delta X^{(k)} = -\frac{1}{\lambda_k} J^{\mathrm{T}}(X^{(k)})[\sigma^{k-1} - \sigma_{\mathrm{L}}]$$

则有 $\Delta X^{(k)}$ 趋于零向量，且具有最陡峭的下降斜率，这意味着对于充分大的 λ_k，有

$$\Phi(X^{(k)} + \Delta X^{(k)}) < \Phi(X^{(k)})$$

由式（8-36）得到

$$\Delta X^{(k)} = -\left[J^{\mathrm{T}}(X^{(k)})J(X^{(k)}) + \lambda_k I \right]^{-1} \times J^{\mathrm{T}}(X^{(k)})[\sigma^{k-1} - \sigma_{\mathrm{L}}] \qquad (8\text{-}37)$$

因此有

$$X^{(k)} = X^{(k-1)} + \Delta X^{(k)} \qquad (8\text{-}38)$$

边界载荷参数向量 X 由式（8-36）～式（8-38）迭代求解，直到满足精度要求为止。迭代初值的选择是关键因素，若边界载荷的范围已知，参数 X 的迭代初值一般取为该参数上下限的平均值。若参数值域为无界域，则参数 X 的迭代初值可通过试算后根据经验选取。

从以上的分析可知，如果测量的储层应力是确定的，则边界载荷也是确定的，载荷参数向量与储层的水平应力测试值 σ_{L} 满足下列矩阵方程，即

$$GX = \sigma_{\mathrm{L}} \qquad (8\text{-}39)$$

式中：G——传递矩阵，$G \in C^{m \times n}$，m 为测点数，n 为边界载荷向量的维数。当 n 大于 m 时，由于解的非唯一性，以控制综合误差最小的原则确定一组边界载荷向量。

有限元反演地应力场的具体做法如下：选定一种合理的目标函数，利用最优化方法调整、搜索参数，用有限元数值算法正演计算值，将观测值与计算值代入目标函数，判断目标函数的大小。若目标函数没有达到极小，用优化方法继续调整、搜索参数，重复上述过程，直到目标函数达到极小值，从而获得边界载荷参数，用反演得到的边界载荷进行正演计算，从而可以获得储层的应力场。反演过程如图 8-8 所示。

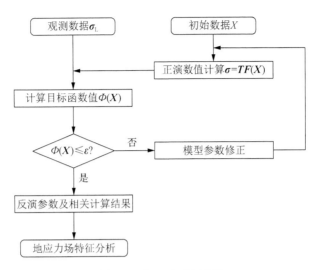

图 8-8　有限元反演过程

8.3　本 章 小 结

从弹性力学基本方程出发，针对储层地应力场反问题，结合对区域地应力场认识，利用阻尼最小二乘法建立了应力场反演的优化约束模型，本章提出了一种用于反演地应力场边界力的优化分析方法，该方法根据部分实测点的应力值进行边界力反演，并与有限元法和有限差分法相结合，通过改变边界力参量达到优化逼近目标函数。该方法根据研究区域少量地应力实测资料进行最优化计算，使得计算应力与实测应力达到最优拟合，以弥补回归反演方法和边界载荷调整法的不足，来提高计算精度。

第9章 总　　结

本书主要研究总结如下。

（1）地下储气库最大运行压力预测研究

1）基于纵波时差和横波时差与岩石力学参数之间的关系，本书提出了根据测井资料解释岩石力学参数的方法，该方法计算简单且节省成本。结合测井资料解释成果，建立了计算三向主应力剖面的分层地应力模型。在此基础上基于孔隙弹性力学、渗流力学等相关理论建立了计算地下储气库最大运行压力的计算模型。算例分析表明该模型只适用于主压应力区，在主拉应力区计算结果精度较差。

2）基于损伤力学、渗流力学等相关理论，本书建立了地下储气库最大运行压力计算的渗流-应力-损伤耦合模型。基于该模型计算了天然气注采过程中注入压力与损伤因子的关系，在此基础上研究了储层厚度、注气速率、储层孔隙度和储层渗透率等参数对地下储气库运行压力的影响规律。

3）在主压应力区，采用解析模型和数值模型计算的地下储气库最大运行压力值具有较好的一致性，计算结果相对误差约为8%。而在主拉应力区，采用解析模型和数值模型计算的地下储气库最大运行压力相对误差为31%～500%，且相对误差随着的井深的增加逐渐减小，但最小误差也高达31%，无法满足工程实际要求。地下储气库运行压力随着储层厚度、渗透率和排水量的增加而非线性降低，随着注气速率的增加而非线性增加。

（2）强注强采条件下的地下储气库天然气动态运移研究

1）本书针对储层厚度与储层面积相比很小的特点，建立了衰竭油气藏型地下储气库天然气动态运移模型。利用该模型总结了国内某拟建地下储气库天然气动态运移过程中地层压力和含气饱和度随水平距离的变化规律，研究了储层厚度、储层渗透率、注气速率和孔隙度等参数对地层压力和含气饱和度的影响规律。

2）计算结果表明，本书模型与传统模型的计算结果具有较好的一致性。本书模型与传统模型计算的注气点地层压力最大误差为7%左右，说明本书模型的计算结果具有较高的计算精度，同时该模型具有参数少、计算速度快和数值模拟易实现等优点。地层压力随着储层厚度、储层渗透率和孔隙度的增加而呈非线性降低，随着注气速率的增加而呈非线性增加。含气饱和度随着储层厚度和孔隙度的增加而非线性降低，随着储层渗透率和注气速率的增加而呈非线性增加。

（3）流固耦合作用下储层含气饱和度分布规律研究

1）基于多孔介质弹性力学和渗流力学理论，本书建立了地下储气库天然气注采运移的流固耦合模型。首先，通过研究区岩芯开展三轴试验和应力敏感性试验，得到储盖层的岩石力学参数和渗透率与有效应力的关系曲线；其次，在此基础上对地下储气库天然气注采运移开展数值模拟研究，对比了流固耦合模型与传统渗流模型的计算精度；最后，重点讨论了储层渗透率、储层厚度、注气速率和排水量等参数对天然气运移规律的影响。

2）计算结果表明，本章建立的流固耦合模型与传统渗流模型的计算结果具有较好的一致性，考虑流固耦合作用比不考虑耦合作用下的储层压力增加 1.04MPa。含气饱和度随着储层渗透率和注气速率的增加而呈非线性增加，随着储层厚度的增加而呈非线性减少，随着排水量的变化影响不明显。

（4）地下储气库多组分气体动态运移的数值模拟研究

1）在深入研究惰性气体替代天然气作为垫层气的混气机理的基础上，本书建立了多组分气体动态运移的气固耦合数学模型。基于该模型计算了某拟建衰竭油气藏型地下储气库注采动态运行过程中回采气中氮气含量随采气时间的变化规律，在此基础上研究了惰性气体作为垫层气、其替代表、储层渗透率、孔隙度、弹性模量、泊松比和地应力等参数对回采气中氮气含量的影响。

2）计算结果表明，考虑注采交变载荷作用下地下储气库储层的弹塑性变形特性所建立的多组分气体动态运移的气固耦合模型比以往非耦合模型更符合工程实际。回采气中氮气含量随着储层渗透率和孔隙度的增加而增加，但当储层渗透率和孔隙度分别大于 300mD 和 0.20 时，回采气中氮气含量变化不明显，回采气中氮气含量随着地应力的增大而减小，而储层弹性模量和泊松比对回采气中氮气含量影响较小。建议为了不影响产出的天然气质量，采取在地下储气库外侧注入惰性气体的措施，并且惰性气体替代垫层气量不宜超过 20%。

（5）强注强采条件下地下储气库库存量预测及老井泄漏分析

1）考虑到衰竭油气藏型地下储气库运行过程中库存量的变化是一个动态过程，同时现场观察井实测压力也是一个动态的时间序列，为及时利用现场量测的动态数据进行地下储气库库存量反演，本书基于多目标优化反分析方法，建立衰竭油气藏型地下储气库库存量动态预测的多井约束优化反分析模型，利用研究区观察井实测压力资料进行反演，通过反复调整注采量，使观察井压力模拟值与实测压力值达到最优拟合，得到地下储气库真实库存量。

2）计算结果表明，采用混合遗传算法进行动态反演的地下储气库库存量与实测库存量的相对误差为 3.6%，观察井反演压力值和实测压力值的最大相对误差为 5.8%，反演结果证实了本书模型的正确性和精度，可以满足工程实际要求。

3）针对老井渗透率难以通过计算获得的难题，本书给出了求解老井渗透率的环空带压数学模型并给出其解析解，在此基础上根据渗流力学建立了真实描述天然气沿老井泄漏的气水两相渗流模型并采用全隐式解法进行求解，基于该模型研究了地下储气库运行压力、井筒渗透率、天然气黏度和井眼尺寸等参数对储气库天然气泄漏量的影响。

4）计算结果表明，天然气沿老井的泄漏量随着地下储气库运行压力、老井渗透率和井眼尺寸的增加近似线性增加，随着天然气黏度的增加而逐渐减小。为了地下储气库的安全运行，防止地下储气库中天然气损失，杜绝安全隐患，对地下储气库中老井的密封处理极为必要。

（6）地下储气库套管强度有限元数值模拟研究

1）为了研究高压地下储气库套管的安全可靠性，本书建立了套管-水泥环-地层组合模型，分析了注采气工况下地层特性（弹性模量、泊松比和地应力非均匀系数）和水泥环特性（弹性模量、泊松比和水泥环厚度）对套管强度的影响。

2）计算结果表明，无论是套管注气工况还是采气工况，套管的最大有效应力均出现在内壁，与最小水平主应力方向一致。套管的最大有效应力随着地层弹性模量的增加而减小，随着地应力非均匀系数及地层泊松比的增加而增大；当水泥环弹性模量和泊松比分别小于 30GPa 和 0.3 时，套管的最大有效应力随着水泥环弹性模量和泊松比的增加而增大，但当水泥环弹性模量和泊松比分别超过 30GPa 和 0.3 时，套管的最大有效应力随着水泥环弹性模量和泊松比增加逐渐减小，但减幅不大。套管的最大有效应力随着水泥环厚度的增大而减小。

（7）储层地应力场数值模拟研究

从弹性力学基本方程出发，针对储层地应力场反问题，结合对区域地应力场认识，利用阻尼最小二乘法建立了应力场反演的优化约束模型，本书提出了一种用于反演地应力场边界力的优化分析方法，该方法根据部分实测点的应力值进行边界力反演，并与有限元法和有限差分法相结合，通过改变边界力参量达到优化逼近目标函数。该方法根据研究区域少量地应力实测资料进行最优化计算，使得计算应力与实测应力达到最优拟合，以弥补回归反演方法和边界载荷调整法的不足，来提高计算精度。

根据我国天然气工业的发展目标，在未来将形成完善的天然气管网，实现能源的转型，缓解因经济的快速发展而带来的能源紧张。地下储气库的建设能规避天然气消费不均、管道输送风险，保证我国天然气工业的安全、高效、持续发展。而衰竭油气藏型地下储气库设计和运行是一项复杂的系统工程，目前我国在地下储气库的设计和运行方面的研究还处在探索和起步阶段，缺乏丰富的实际工程经验，因此在今后的研究工作中可以从以下几个方面进行更加深入的研究。

1）引入可靠度的随机力学方法，分析影响储气库运行安全的强度参数，将其主要风险因素作为随机变量，建立随机分析的强度功能函数，对其进行基于随机有限元法的可靠度计算，分析地下储气库在随机因素影响下，运行安全可靠指标的变化规律，给出储气库安全运行压力。

　　2）结合模糊数学、层次分析法和蒙特卡罗模拟计算方法，建立计算地下储气库天然气漏失的可靠度计算模型，给出天然气漏失的可靠度指标，确定漏失风险等级。

　　3）以套管柱和注采管柱的安全可靠性为中心，分析压力、温度、腐蚀、水泥环性质等因素对注采井管柱承载能力的影响，计算注采井系统的寿命周期；将温度、压力、水泥环性质等因素按随机变量处理，将腐蚀、地层岩石性质等影响因素按模糊随机变量处理，在此基础上确定注采井系统的主要失效模式，计算注采井系统的可靠度。

参 考 文 献

[1] 马小明, 杨树合, 史长林, 等. 为解决北京市季节调峰的大张坨地下储气库[J]. 天然气工业, 2001, 21 (1): 105-107.

[2] 田中兰, 夏柏如, 申瑞臣, 等. 采卤盐矿老溶腔改建为地下储气库工程技术研究[J]. 石油学报, 2007, 28 (5): 142-145.

[3] AMINAN K, BANNON A, AMERI S. Gas storage in a depleted gas /condensate reservoir in the Appalachian Basin[J]. Society of petroleum engineers, 2006: 104555.

[4] BENNION D B, THOMAS F B, MA T, et al. Detailed protocol for the screening and selection gas storage reservoir[J]. Society of petroleum engineers, 2000: 59738.

[5] DHARMANANDA K, KINGSBURY N, SINGH H. Underground gas storage: issues beneath the surface[J]. Society of petroleum engineers, 2004: 88491.

[6] KUNCIR M, CHANG J, MANSDORFER J, et al. Analysis and optimal design of gas storage reservoirs[J]. Society of petroleum engineers, 2003: 84822.

[7] 丁国生, 谢萍. 中国地下储气库现状与发展展望[J]. 天然气工业, 2006, 26 (6): 111-113.

[8] EVANS D, STEPHENSON M, SHAW R. The present and future use of land below ground[J]. Land use policy, 2009, 26(1): 84-94.

[9] CANTINI S, KLOPF W, REVELANT R, et al. Integrated log interpretation approach for underground gas storage characterization[J]. Society of petroleum engineers, 2010: 131536.

[10] PARK E S, JUNG Y B, SONG W K, et al. Pilot study on the underground lined rock cavern for LNG storage[J]. Engineering geology, 2010, 116(1): 44-52.

[11] SAWYER W K, ZUBER M D, BUES A D, et al. Reservoir simulation and analysis of the sciota aquifer gas storage pool[J]. Society of petroleum engineers, 1998: 51042.

[12] 杨伟, 王雪亮. 国内外地下储气库现状及发展趋势[J]. 油气储运, 2007, 26 (6): 15-19.

[13] WANG T T, YAN X Z, YANG X J, et al. Surface dynamic subsidence prediction above salt cavern gas storage considering the creep of rock salt[J]. Science China technological science, 2010, 53(12): 3197-3202.

[14] WANG T T, YAN X Z, YANG H L, et al. Stability analysis of the pillars between bedded salt cavern groups by cusp catastrophe model[J]. Science China technological science, 2011, 54(6): 1615-1623.

[15] 王同涛, 闫相祯, 杨秀娟, 等. 适用于多夹层盐穴储气库的改进 Mohr-Coulomb 准则研究[J]. 石油学报, 2010, 31 (6): 1040-1044.

[16] 王同涛, 闫相祯, 杨恒林, 等. 考虑盐岩蠕变的盐穴储气库地表动态沉降量预测[J]. 中国科学: 技术科学, 2011, 41 (5): 687-692.

[17] 王同涛, 闫相祯, 杨恒林, 等. 基于尖点位移突变模型的多夹层盐穴储气库群间矿柱稳定性分析[J]. 中国科学: 技术科学, 2011, 41 (6): 853-862.

[18] 王同涛, 闫相祯, 杨恒林, 等. 多夹层盐穴储气库群间矿柱稳定性研究[J]. 煤炭学报, 2011, 36 (5): 790-795.

[19] ZHANG J W, LEI D, FENG W X. Analysis of chemical disasters caused by release of hydrogen sulfide-bearing natural gas[J]. Procedia engineering, 2011, 26: 1878-1890.

[20] MITCHELL C, SWEET J, JACKSON T. A study of leakage from the UK natural gas distribution system[J]. Energy policy, 1990, 18(9): 809-816.

[21] NEZNAL M, SOKOL A, THOMAS J. Radon contamination of natural gas in a storage cavern[J]. Environment international, 1996, 22: 425-427.

[22] 谢丽华, 张宏, 李鹤林. 枯竭油气藏型地下储气库事故分析及风险识别[J]. 天然气工业, 2009, 29 (11): 116-119.

[23] 高发连. 地下储气库建设的发展趋势[J]. 油气储运, 2005, 24 (8): 15-18.

[24] 吴建发, 钟兵, 罗涛. 国内外储气库技术研究现状与发展方向[J]. 油气储运, 2007, 26 (4): 1-3.

[25] 曹雯，刘晓华. 用廉价的惰性气体作为盐穴储气库垫气[J]. 天然气工业，2004，24（9）：136-138.

[26] 杨毅. 天然气地下储气库建库研究[D]. 成都：西南石油学院，2003.

[27] 钟孚勋. 气藏工程[M]. 北京：石油工业出版社，2001.

[28] 谭羽非. 天然气地下储气库技术及数值模拟[M]. 北京：石油工业出版社，2007.

[29] SEN B. Note on the stresses produced by nuclei of thermo-elastic strain in a semi-infinite elastic solid[J]. Quarterly of applied mathematics, 1950, 4 (4):365-369.

[30] LU M. Rock engineering problems related to underground hydrocarbon storage[J]. Journal of rock mechanics and geotechnical engineering, 2010, 2(4):289-297.

[31] FREDRICH J T, ARGUELLO J G, THORNE B J, et al. Three-dimensional geomechanical simulation of reservoir compaction and implications for failures in the Belridge diatomite[J]. Society of petroleum engineers, 1996: 36698.

[32] HUANG X L, XIONG J. Numerical simulation of gas leakage in bedded salt rock storage cavern[J]. Procedia engineering, 2011, 12: 254-259.

[33] YANG L H. Study on the model experiment and numerical simulation for underground coal gasification[J]. Fuel, 2004, 83(4): 573-584.

[34] KIM H M, PARK D, RYU D W, et al. Parametric sensitivity analysis of ground uplift above pressurized underground rock caverns[J]. Engineering geology, 2004, 135-136: 60-65.

[35] LABAUNE F，KNUDSEN J E. Inert gas in tonder aquifer storage: a complete preliminary computer study[C]//SPE annual technical conference and exhibition, 1987.

[36] GLAMHEDEN R, CURTIS P. Excavation of a cavern for high-pressure storage of natural gas[J]. Tunnelling and underground space technology, 2006, 21(1): 56-67.

[37] PERKINS T K, JOHNSTON O C. A review of diffusion and dispersion in porous media[J]. Society of petroleum engineers, 1962, 3 (3):70-84.

[38] 王保辉，闫相祯，杨秀娟，等. 地下储气库天然气运移的等效渗流模型[J]. 中国石油大学学报（自然科学版），2011，35（6）：127-134.

[39] 王保辉，闫相祯，杨秀娟，等. 含水层型地下储气库天然气动态运移规律[J]. 石油学报，2012，33（2）：327-331.

[40] 于本福，闫相祯，杨秀娟，等. 考虑储层孔隙介质分形特点的衰竭气藏储气库储层压力分布预测[J]. 石油学报，2013，34（5）：1017-1022.

[41] 杨海军，郭凯，李建君. 盐穴储气库单腔长期注采运行分析及注采压力区间优化：以金坛盐穴储气库西 2 井腔体为例[J]. 油气储运，2015，34（9）：945-950.

[42] EVERNOS A I. On the feasibility of pressure relief by water removal during development and operation of gas storage in aquifers[J]. Society of petroleum engineers,1972: 4038.

[43] LAILLE J P, MOLINARD J E, WENTS A, et a1. Inert gas injection as part of the cushion of the underground storage of saint-clair-sur-epte[J]. Society of petroleum engineers, 1988: 17740.

[44] 展长虹，严铭卿，廉乐明. 含水层型天然气地下储气库的有限元数值模拟[J]. 煤气与热力，2001，23（4）：294-298.

[45] 焦文玲，王占胜，李娟娟，等. 含水层型地下储库惰性气体作垫层气数值模拟[J]. 哈尔滨工业大学学报，2008，40（12）：1950-1955.

[46] 谭羽非，展长虹，曹琳，等. 用 CO_2 作垫层气的混气机理及运行控制的可行性[J]. 哈尔滨工业大学学报，2005，25（12）：105-107.

[47] 宋杰，刘双双，李巧云，等. 国外地下储气库技术[J]. 内蒙古石油化工，2007，8：208-212.

[48] 李娟娟，焦文玲，王占胜. 含水层型地下储气库惰性气体作垫层气概述[J]. 石油规划设计，2007，18（5）：40-42.

[49] 谭羽非，陈家新. 天然气地下储气库垫层气与工作气混合的模拟研究[J]. 哈尔滨工业大学学报，2001，33（4）：547-549.

[50] OLDENBURG C M. Carbon dioxide as cushion gas for natural gas storage[J]. Energy & fuels, 2003, 17 (1): 240-246.

[51] SINGH A K, GOERKE U J, KOLDITZ O. Numerical simulation of non-isothermal compositional gas flow: application to carbon dioxide injection into gas reservoirs[J]. Energy, 2011, 36(5): 3446-3458.

[52] BUZEK F, ONDERKA V, VANČURA P, et al. Carbon isotope study of methane production in a town gas storage reservoir[J]. Fuel, 1994, 73(5): 747-752.

[53] 周道勇, 郭平, 杜建芬, 等. 地下储气库应力敏感性实验研究[J]. 天然气工业, 2006, 26（4）: 122-124.

[54] 汪周华, 郭平, 周道勇, 等. 注采过程中岩石压缩系数、孔隙度及渗透率的变化规律[J]. 新疆石油地质, 2007, 26（2）: 191-193.

[55] 黄海. 地下储气库储气量的校核[J]. 石油规划设计, 2001, 12（1）: 11-15.

[56] 谭羽非. 动态校核枯竭气藏型地下储气库的存气量[J]. 油气储运, 2003, 22（6）: 36-40.

[57] 王皆明, 朱亚东. 确定地下储气库工作气量的优化方法[J]. 天然气工业, 2005, 25（12）: 103-104.

[58] 陈晓源, 谭羽非. 地下储气库天然气泄漏损耗与动态监测判定[J]. 油气储运, 2011, 30（7）: 513-516.

[59] 马小明, 余贝贝, 成亚斌. 水淹衰竭型地下储气库的达容规律及影响因素[J]. 天然气工业, 2012, 32（2）: 86-90.

[60] 杨秀娟, 张敏, 闫相祯. 基于声波测井信息的岩石弹性力学参数研究[J]. 石油地质与工程, 2008, 24（4）: 39-42.

[61] MYUNG J I, HELANDER D P. Correlation of elastic moduli dynamically measured by in-situ and laboratory techniques[J]. Transactions of SPWLA 13th annual logging symposium,1972(6): 22-33.

[62] 张毅, 闫相祯. 三维分层地应力模型与井眼岩石破裂准则[J]. 西安石油大学学报（自然科学版）, 2000, 15（4）: 42-43.

[63] 狄军贞, 刘建军, 殷志祥. 低渗透煤层气-水流固耦合数学模型及数值模拟[J]. 岩土力学, 2007, 28: 231-235.

[64] 李培超, 孔祥言, 卢德唐. 饱和多孔介质流固耦合渗流的数学模型[J]. 水动力学研究与进展（A辑）, 2003, 18（4）: 419-426.

[65] 李利平, 李术才, 石少帅, 等. 岩体突水通道形成过程中应力-渗流-损伤多场耦合机制[J]. 采矿与安全工程学报, 2012, 29（2）: 222-238.

[66] 张学言, 闫澎旺. 岩土塑性力学基础[M]. 天津: 天津大学出版社, 2006.

[67] 冉启全, 李士伦. 流固耦合油藏数值模拟中物性参数动态模型研究[J]. 石油勘探与开发, 1997, 24（3）: 61-65.

[68] 闫相祯, 杨秀娟, 王保辉, 等. 确定地应力场边界载荷的有限元优化方法研究[J]. 岩土工程学报, 2010, 28（10）: 1485-1490.

[69] 张立松, 闫相祯, 杨秀娟. 参数可靠度反分析法在X80钢管道设计中的应用研究[J]. 压力容器, 2010, 27（8）: 19-23.

[70] 刘钦节, 闫相祯, 杨秀娟. 优化反分析方法在地应力与裂缝研究中的应用[J]. 石油钻探技术, 2009, 37（2）: 26-31.

[71] 闫相祯, 刘钦节, 杨秀娟, 等. 低渗透储层裂缝多目标优化方法分析研究[C]//第二届全国油气田开发技术大会, 2007.

[72] 闫相祯, 杨秀娟, 王建军, 等. 基于多井约束优化方法的低渗油藏应力场反演与裂缝预测技术及应用[C]//中国石油学会第一届油气田开发技术大会论文集, 2005.

[73] 杨秀娟, 闫相祯. 基于多井约束优化方法的地应力场反演与裂缝预测技术[C]//2010年海峡两岸材料破坏/断裂学术会议暨第十届破坏科学研讨会/第八届全国MTS材料试验学术会议论文集, 2010: 1012-1040.

[74] 闫相祯, 王志刚, 刘钦节, 等. 储集层裂缝预测分析的多参数判据法[J]. 石油勘探与开发, 2009, 36（6）: 749-755.

[75] 闫相祯, 杨秀娟, 冯耀荣, 等. 蠕变地层套管外载计算的位移反分析法[J]. 中国石油大学学报（自然科学版）, 2006, 30（1）: 102-106.

[76] 李传文, 刘学增. 层状地层粘弹性优化反分析与优化方法对比分析[J]. 探讨与分析, 2004, 7（6）: 37-39.

[77] 王保辉, 闫相祯, 杨秀娟, 等. 衰竭气藏型地下储气库库存量动态预测研究[J]. 科学技术与工程, 2012, 12（10）: 2286-2289.

[78] FAN J Y, PAN J Y. A note on the Levenberg-Marquardt parameter[J]. Applied mathematics and computation, 2009,

26(2):351-359.

[79] BLEDSOE K C, FAVORITE J A, ALDEMIR T. A comparison of the covariance matrix adaptation evolution strategy and the Levenberg-Marquardt method for solving multidimensional inverse transport problems[J]. Annals of nuclear energy, 2011, 38(4):897-904.

[80] HSIE M, HO Y F, LIN C T, et al. Modeling asphalt pavement overlay transverse cracks using the genetic operation tree and Levenberg-Marquardt method[J]. Expert systems with Applications, 2012, 39(5):4874-4881.

[81] KLEEFELD A, REIßEL M. The Levenberg-Marquardt method applied to a parameter estimation problem arising from electrical resistivity tomography[J]. Applied mathematics and computation, 2011, 217(9): 4490-4501.

[82] MUSHARAVATI F, HAMOUDA A S M. Modified genetic algorithms for manufacturing process planning in multiple parts manufacturing lines[J]. Expert systems with applications, 2011, 38(9): 10770-10779.

[83] ARAUJO L, ZARAGOZA H, PÉREZ-AGÜERA J R, et al. Structure of morphologically expanded queries: a genetic algorithm approach[J]. Data & knowledge engineering, 2010, 69(3): 279-289.

[84] LIU T K, CHEN C H, CHOU J H. Optimization of short-haul aircraft schedule recovery problems using a hybrid multiobjective genetic algorithm[J]. Expert systems with applications, 2010, 37(3): 2307-2315.

[85] WU A, TSANG P W M, YUEN T Y F, et al. Affine invariant object shape matching using genetic algorithm with multi-parent orthogonal recombination and migrant principle[J]. Applied soft computing, 2009, 9(1): 282-289.

[86] ASHENA R, MOGHADASI J. Bottom hole pressure estimation using evolved neural networks by real coded ant colony optimization and genetic algorithm[J]. Journal of petroleum science and engineering, 2011, 77(3-4): 375-385.

[87] CZÉL B, GRÓF G. Inverse identification of temperature-dependent thermal conductivity via genetic algorithm with cost function-based rearrangement of genes[J]. International journal of heat and mass transfer, 2012, 55(15-16): 4254-4263.

[88] 周金荣, 黄道, 蒋慰孙. 遗传算法的改进及其应用研究[J]. 控制与决策, 2006, 21 (2): 205-207.

[89] 孙艳丰, 王众托. 遗传算法在优化问题中的应用研究进展[J]. 控制与决策, 2005, 11 (7): 1047-1050.

[90] 徐耀群, 孙尧, 郝燕玲. 一种函数优化问题的共轭遗传算法[J]. 控制理论与应用, 2006, 23 (1): 119-125.

[91] 阎平凡, 张长水. 人工神经网络与模拟进化计算[M]. 北京: 清华大学出版社, 2005.

[92] 李敏强. 遗传算法的基本理论与应用[M]. 北京: 科学出版社, 2002.

[93] 黄席樾, 张著洪, 何传江, 等. 现代智能算法及应用[M]. 北京: 科学出版社, 2005.

[94] 薛凌霄. 基于共扼梯度法的混合遗传算法研究[D]. 福州: 福建师范大学, 2006.

[95] 张智霞. 混合遗传算法及应用实例[J]. 青海大学学报 (自然科学版), 2004, 22 (2): 92-95.

[96] 李业丽, 陆利坤, 杜峰. 一种改进的混合遗传算法[J]. 北京印刷学院学报, 2008, 16 (2): 50-52.

[97] STEFOPOULOS E K, DAMIGOS D G. Design of emergency ventilation system for an underground storage facility[J].Tunnelling and underground space technology, 2007, 22(3):293-302.

[98] 王同涛, 闫相祯, 杨秀娟, 等. 多夹层盐岩蠕变实验及盐穴储气库完套管柱受力分析[C]//2010 年海峡两岸材料破坏/断裂学术会议暨第十届破坏科学研讨会/第八届全国 MTS 材料试验学术会议论文集, 2010: 892-897.

[99] 李丽锋, 赵新伟, 罗金恒, 等. 盐穴地下储气库失效分析与预防措施[J]. 油气储运, 2010, 29 (6): 407-410.

[100] 李丽锋, 赵新伟, 罗金恒, 等. 枯竭油气藏地下储气库套管柱水泥环强度分析[J]. 石油机械, 2011, 39 (11): 28-32.

[101] 李朝霞, 何爱国. 砂岩储气库注采井完井工艺技术[J]. 石油钻探技术, 2008, 36 (1): 16-19.

[102] 闫相祯, 高进伟, 杨秀娟. 用可靠性理论解析 API 套管强度的计算公式[J]. 石油学报, 2007, 28 (1): 122-126.

[103] 闫相祯, 邓卫东, 高进伟, 等. 套管钻井中套管柱疲劳可靠性及相关力学特性研究[J]. 石油学报, 2009, 30 (5): 769-773.

[104] 王同涛, 闫相祯, 杨秀娟. 基于塑性铰模型的煤层气完井筛管抗挤强度分析[J]. 煤炭学报, 2010, 35 (2): 273-277.

[105] 王建军, 冯耀荣, 闫相祯, 等. 高温下高钢级套管柱设计中的强度折减系数[J]. 北京科技大学学报, 2011, 33 (7): 883-887.

[106] 闫相祯, 刘复元, 王同涛, 等. 基于能量平衡方法的套管抗挤规律分析[J]. 中国石油大学学报 (自然科学

版), 2011, 35（1）: 106-109.

[107] 闫相祯, 王伟章, 杨秀娟, 等. 近井地带高压挤压问题的解析解[J]. 中国石油大学学报（自然科学版）, 2008, 32（3）: 103-107.

[108] 许志倩, 闫相祯, 杨秀娟, 等. 复杂井况下油井套管柱系统可靠性计算[J]. 中国石油大学学报（自然科学版）, 2009, 33（4）: 125-129.

[109] 高进伟, 闫相祯, 杨秀娟, 等. 用可靠性理论分析传统套管设计中存在的问题[J]. 中国石油大学学报（自然科学版）, 2006, 30（5）: 78-83.

[110] 石榆帆, 张智, 肖太平, 等. 气井环空带压安全状况评价方法研究[J]. 重庆科技学院学报（自然科学版）, 2012, 12（1）: 97-99.

[111] 朱仁发. 天然气井井眼完整性管理[J]. 内蒙古石油化工, 2011, 16: 34-36.

[112] 车争安, 张智, 施太和, 等. 高温高压含硫气井环空流体热膨胀带压机理[J]. 天然气工业, 2010, 30（2）: 88-90.

[113] ZHU H J, LIN Y H, ZENG D Z, et al. Mechanism and prediction analysis of sustained casing pressure in"A"annulus of CO_2 injection well[J]. Journal of petroleum science and engineering, 2012, 92:1-10.

[114] BACHU S, WATSON T L. Review of failures for wells used for CO_2 and acid gas injection in Alberta, Canada[J]. Energy procedia, 2009, 1(1): 3531-3537.

[115] BACHU S, BENNION D B. Experimental assessment of brine and/or CO_2 leakage through well cements at reservoir conditions[J]. International journal of greenhouse gas control, 2009, 3(4): 494-501.

[116] WOJTANOWICZ A K, NISHIKAWA S, RONG X. Diagnosis and remediation of sustained casing pressure in wells[R]. Final report, United States minerals management service, 2001.

[117] 张敏. 基于声波测井信息的地应力分析与裂缝预测研究[D]. 北京: 中国石油大学, 2008.

[118] 马凤良, 何绍勇, 尹向阳. 水压致裂法测量地应力[J]. 西部探矿工程, 2009, 21（1）: 86-88.

[119] 徐芝纶. 弹性力学（上册）[M]. 北京: 人民教育出版社, 1979.

[120] 尤明庆. 水压致裂法测量地应力方法的研究[J]. 岩土工程学报, 2005, 27（3）: 350-353.

[121] 刘强, 洪昀. 水压致裂法测试地应力简析[J]. 安徽建筑, 2016, 23（3）: 168-170.

[122] 杨建, 康毅力. 致密砂岩气藏地应力测量方法综述[C]//中国力学学会学术大会 2009 论文摘要集, 2009.

[123] 田国荣. 差应变分析与古地磁结合确定地应力方向[D]. 北京: 中国地质大学, 2003.

[124] 沈海超. 地应力测试及剖面建立的方法研究[D]. 北京: 中国石油大学, 2007.

[125] 侯守信, 田国荣. 古地磁岩芯定向及其在地应力测量上的应用[J]. 地质力学学报, 1999, 5（1）: 90-96.

[126] 葛洪魁, 林英松, 王顺昌. 地应力测试及其在勘探开发中的应用[J]. 石油大学学报（自然科学版）, 1998, 22（1）: 94-99.

[127] 田圆圆. 海上油田疏松砂岩储层地应力研究[D]. 中国石油大学（华东）, 2013.

[128] 孙李健, 朱元清. 初始地应力场分析方法的研究[J]. 地震地磁观测与研究, 2008, 29（3）: 15-21.

[129] 陈志德, 蒙启安, 万天丰, 等. 松辽盆地古龙凹陷地应力场弹塑性增量法数值模拟[J]. 地学前缘, 2002, 9（2）: 483-491.

[130] 王薇, 王连捷, 乔子江, 等. 三维地应力场的有限元模拟及其在隧道设计中的应用[J]. 地球学报, 2004, 25（5）: 587-591.

[131] MAIER G, ARDITO R, FEDELE R. Inverse analysis problems in structural engineering of concrete dams[J]. Computational mechanics, 2004, 9: 5-10.

[132] MAIER G, BOCCIARELLI M, BOLZON G, et al. Inverse analysis in fracture mechanics[J]. International journal of fracture, 2006, 138: 47-73.

[133] 闫相祯, 杨秀娟, 王建军, 等. 基于多井约束优化方法的低渗透油藏应力场反演与裂缝预测技术及应用[C]//第一届油气田开发技术大会. 北京: 石油工业出版社, 2005: 142-148.